U0155754

后浪

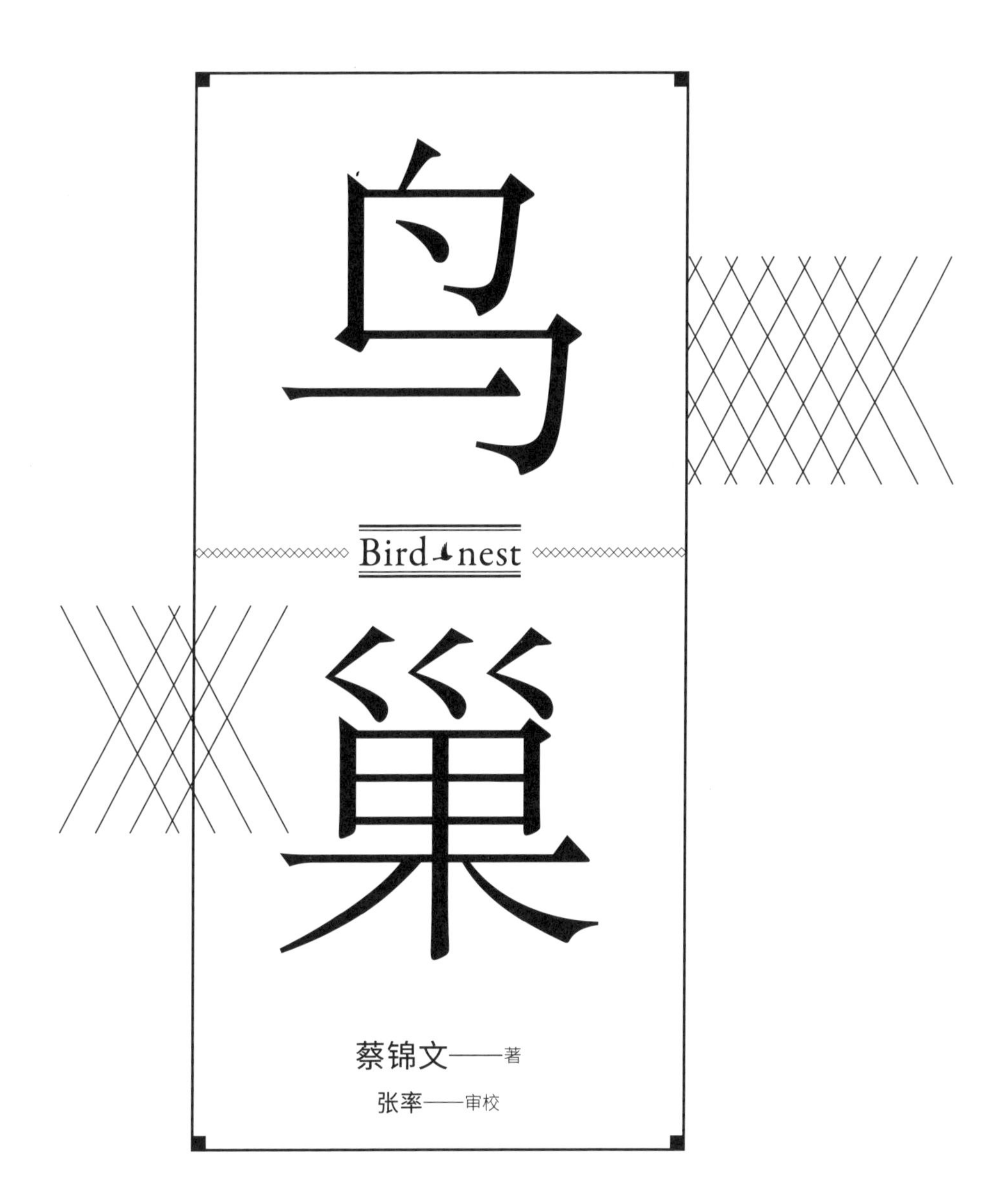

鸟巢

Bird nest

蔡锦文——著

张率——审校

贵州出版集团
贵州教育出版社
·贵阳·

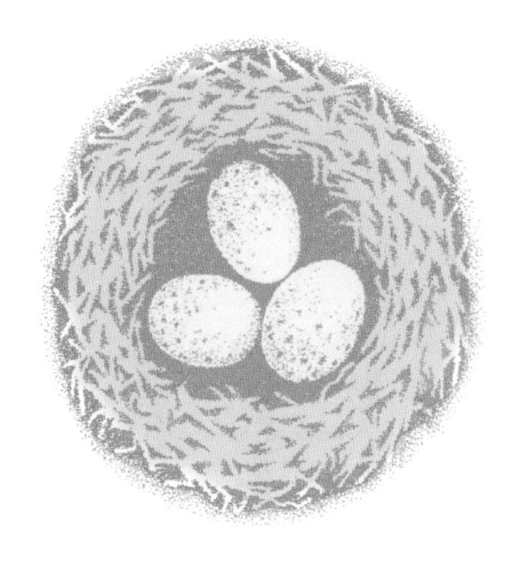

推荐序

可以挂在墙上欣赏的书页

鸟儿是大自然中的精灵，巢是孕育生命的温暖之家，这本书叫《鸟巢》，因而可以想见是一本感性、温馨的书，又因为绘著者锦文的专业与用心，这本书更是充满了知性、有趣的故事。

全世界现存的鸟类已知有9 000多种，它们传宗接代的方式，就是将生命的力量注入一颗颗蛋里。虽然鸵鸟的蛋壳尚可称坚硬，但是相对而言，大部分的鸟蛋都是脆弱而需要细心呵护的。“鸟”筑“巢”，“巢”接承着“蛋”，“蛋”将发育成“鸟”，大自然的乐章在此生生不息地展开。大部分的鸟有自己的巢，努力孵蛋，努力育幼；而有些鸟则偷懒把蛋下在别人的窝里，让别的鸟做辛苦的养父母，自己则在一旁纳凉。《鸟巢》中的第一章“‘有巢氏’与‘无壳蜗’”，会告诉你这些有趣的鸟类行为。

有些鸟类是天资卓越的织巢工匠，一草一丝构筑成令人叹为观止的艺术品；而有些鸟类则是转转身躯，转出凹陷的浅窝就称为巢。啄木鸟啄树成洞，幽暗的洞穴里成长出活泼乱蹦的小啄木鸟；山雀等小型鸟没有啄树的能力，就利用啄木鸟啄凿或天然形成的树洞为巢……很精彩吧!《鸟巢》中的第二章“风格各异的建筑名师”，将以流畅的文字搭配细致的绘图，带你进入如此引人入胜的世界中。

鸟类活动的栖息地不同，有伴水而居的，筑的巢成了水上人家；有大家伙儿聚在一起繁衍、共同御敌的，筑的巢就成了“公寓”；有的会利用天然或人造的物品来装饰巢的四周，以吸引异性；有一些在树洞筑巢的鸟种，还会利用人工制作并挂在野外的鸟巢箱，生一窝胖胖的宝宝。《鸟巢》中的第三章“有意思的巢屋”，就会把这些奇特的行为和多样的筑巢方式精彩地呈现出来，绝对将突破你对巢的有限认知，让你眼界大开，惊呼:“哇！”

蛋是脆弱的，幼雏是柔软的，因而亲鸟要把巢藏好，不让天敌发现。幼雏在能跑能跳后，就要赶快带离巢位，因为吵吵闹闹的小宝宝容易吸引天敌前来。而大部分的鸟巢在使用了一个生殖季后，经过风吹雨淋、亲鸟的进进出出和幼雏的蹦蹦跳跳，会松散而不堪再使用，因而大部分的亲鸟就要重新开工筑新巢。所以在《鸟巢》的第四章“发现鸟巢”中，作者会教你找巢、测量巢，做个鸟巢侦探，通过观察、记录来探究在这个巢中所发生的生命故事。

翻阅完这本迷人的书，你大概在想，绘著者蔡锦文是何许人物啊，怎么有这样渊博的“鸟”知识，而又有如此细腻的笔触，把“鸟巢”的世界如此多样而丰富地呈现在一片片几乎都是艺术品、可以挂在墙上欣赏的书页上？最后，让我来描述一下锦文这个人吧！锦文是我过去硕士班的毕业生，他有着大大的牙齿，现在我脑海中他的模样，就是咧开大嘴傻笑的可爱相。锦文是一个执着而有理想的年轻人，他喜欢画画，更喜欢大自然中美好的事物，所以硕士毕业之后，他一头扎入生态艺术创作的世界里。因为拥有着对野生动物专业的知识，锦文的画不同于其他的绘者，他的画有科学专业，有对自然敏锐的观察力，更有成熟的艺术功力。《鸟巢》是一本赏心悦目、令人爱不释手、绝对值得郑重推荐的好书。请你“开心”“开书”！！

台湾大学森林环境暨资源学系教授

袁孝维

作者序

一生之计在于巢

春天，五节芒草原传来鹪莺的歌声；清朗的月夜，森林中也有黄嘴角鸮忽远忽近的鸣唱。鸟类在春天唱歌，传播着结婚的喜讯，然后求偶、交配、筑巢、育雏……

对大多数的鸟儿来说，在繁殖季节，鸟巢是一处依归，有助于维系夫妻关系。鸟巢除了能够收拢蛋，方便亲鸟孵蛋及保温，也有利于保护雏鸟，使雏鸟较难被捕食者发现。

许多鸟类认巢不认蛋，若偷偷将蛋调换，或取走一两颗，它们也许还能安心孵蛋或下蛋；然而，鸟儿若发现巢窝不对劲，例如位置发生了偏移或被损坏，纵使已经产下一窝蛋，仍可能弃巢离去！

长期以来，经过优胜劣败的残酷生存法则，现今的鸟类反而展现出千奇百怪的筑巢方式，每一种鸟都有各自适应环境的方法来安置巢窝。活动在树上的鸟，便在树丛间筑巢；活动于地表的鸟，巢多藏匿于草丛、岩缝中；生活于海洋的鸟，更不会跑到高山上筑巢。因此，有的将巢建筑在水面上，随波荡漾，伪装成一丛水草；有的选择坚实的树洞，任凭风吹雨打也安然无恙；有的则寄宿在人类的建筑物里，和人相当亲近。

鸟类多以容易从周遭环境中弄到手的物件作为筑巢材料，比如白头鹎在树枝间以干草茎筑杯形巢，台湾拟啄木鸟则挖凿枯干筑洞巢。筑巢的本能，从出生那一刻就被赋予，而且各有各的蓝本，因此，白头鹎不会像台湾拟啄木鸟一样在树洞内筑巢。只是，鸟类也会因经验的累积，将巢越筑越好。

有经验的鸟类学者，单凭巢的形状、大小、巢材、巢位等，便可猜测出巢的主人。而一般人对鸟巢有所认识后，大概也能猜出该巢是什么生活形态的鸟所筑。

虽说什么鸟筑什么巢，但观察鸟类筑巢的材料及选择的巢位，有时也有令人惊讶的发现。为了适应环境，鸟类某些行为的改变，也可能反映在筑巢的习惯上。在日本，生活于都市的大嘴乌鸦，喜欢搜集晾晒衣服的衣架子，以取代树枝作为巢材；加拿大雁原本筑巢于地面上，但在美国，曾有一对生活在都市公园的加拿大雁，反常地飞上树梢筑巢；而近几年，科学家发现有些鸟类偏好利用芳香植物做巢材，用来保护雏鸟免受体外寄生虫的侵扰。

大自然中有许多动物利用筑巢来抚养下一代，从昆虫、两栖类、爬行类、鱼类到哺乳类，若仔细观察，不难在住宅附近观察到各种动物筑巢。若养一缸叉尾斗鱼，也很容易看到雄鱼所筑的泡巢。不过，鸟类却是所有动物中的筑巢佼佼者，甚至只要是我们提到的和巢相关的词语，都与鸟类有所关联，例如“倦鸟归巢”“鸠占鹊巢”“覆巢之下无完卵”等等。

巢，对鸟类来说，其重要性不用说即可明了，然而巢的生命期也因为短暂、隐蔽而常常让人忽略。就此观点，写作一本与鸟巢有关的书是很有趣的。本书之前，我从未绘画过一个鸟巢，对于鸟巢仅有亲历的感动，要怎样将这样的感动自画笔下表现出来，的确很伤脑筋，也令我摸索了一段时日。在此我得特别感谢徐伟，他的循循善诱让我的想法终于不致被自己打了死结，也要再次谢谢碧员，除了工作之外，他们对于生命的态度，让我感受到美。

蔡锦文

目 录

第一章 “有巢氏”与“无壳蜗”

第二章 风格各异的建筑名师

第三章　有意思的巢屋

第四章　发现鸟巢

第一章

“有巢氏”与“无壳蜗”

恐龙是
鸟类的“有巢氏”？

“走”了一段漫长的岁月后，一些恐龙最终飞上树梢，成了鸟类的祖先。从地面到天空，从善于奔跑的双脚到鼓动的双翼，这段距离是生物进化史上的奇迹。要想飞上天际，首先必须克服重力。鸟类特有的羽毛、强而有力的胸肌、海绵结构般的中空骨骼，以及其他退化或愈合的骨骼——这些设计只有一个目的，就是减轻体重，翱翔天空。

为了避免过重，鸟类不采用哺乳类的方式怀孕，雌鸟通常只需一天就能在体内形成一颗蛋，快速下蛋后，旋即又能身轻体健，振翅而飞，不致

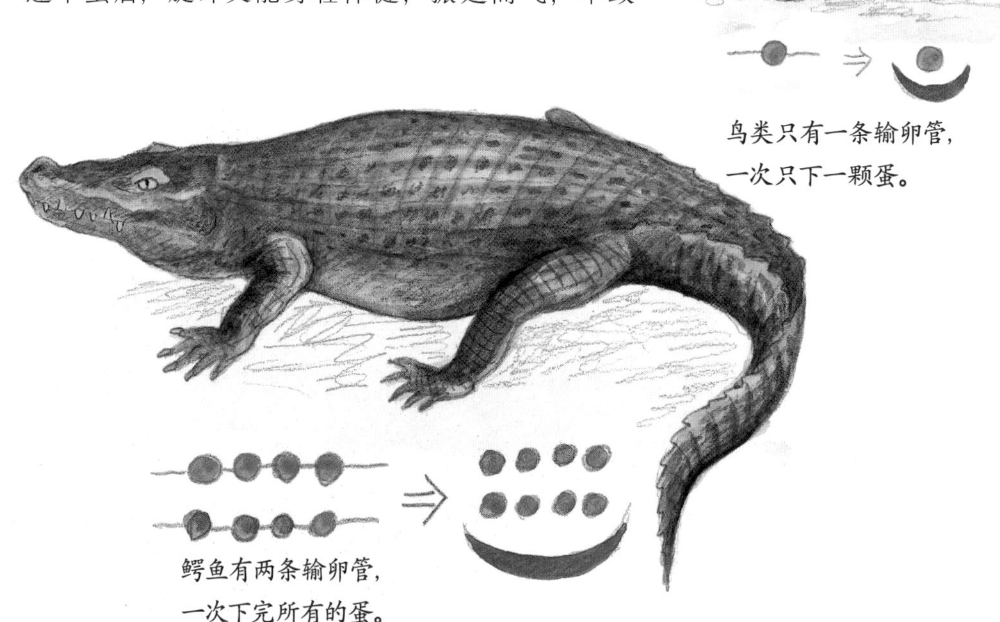

鸟类只有一条输卵管，
一次只下一颗蛋。

鳄鱼有两条输卵管，
一次下完所有的蛋。

恐龙、鳄鱼、鸟类的生殖比较

恐龙和鳄鱼都有两条输卵管，不过恐龙下蛋的方式却和鸟类一样，一条输卵管一次只下一颗蛋，但鳄鱼却是一次下完所有的蛋。根据化石记录推测，生殖方式介于爬行类和鸟类之间的恐龙也会筑巢。

危及安全。在演化的道路上，鸟巢是鸟类进化出的成功繁衍的方式。

那么，鸟类是怎么学会通过筑巢来安置自己的宝贝蛋的呢？古生物学家虽然相继挖掘出许多鸟类的化石，但迄今并未发现任何鸟巢化石，也就无法说明鸟类筑巢的发展；不过，科学家仍然能够通过北美洲及蒙古戈壁沙漠找到的恐龙巢、蛋化石，来探寻鸟类筑巢行为的发展过程。

鸟类筑巢的本能，可能来自它的祖先——恐龙，因为恐龙的生殖系统刚好介于爬行类和鸟类之间。恐龙一次下两颗蛋（爬行类一次下完所有的蛋，鸟类一次下一颗蛋），并且在固定的浅坑垂直排列整窝蛋，这个浅坑就是巢的原始雏形。除了少数鳄鱼、蟒蛇外，一般爬行类并没有亲代照顾的行为，但科学家推测，恐龙可能有此行为，而这正是鸟类生殖的一大特征。

关于筑巢行为的另一个有趣的推测是，它可能始于两性之间的互动刺激。例如，雄燕鸥绕着雌燕鸥求偶时，雌燕鸥会以胸部贴着地面，跟着雄燕鸥转圆圈，不久，雌燕鸥脚下便刮出了一个浅坑。或许，就从这个简单的动作开始，鸟类的祖先逐渐发展出各种复杂的筑巢行为。

撇开演化的遥远想象，现在仍可看到在快速变化的环境中，鸟类也改变了原有的习性。如今许多新奇或怪异的筑巢行为，其实是鸟类与人类因环境改变而发生的“协同进化”现象。例如：原本在悬崖峭壁间筑巢的游隼，如今也会在高楼大厦的建筑缝隙筑巢；仓鸮发现农舍有更多的食物——老鼠，早就搬进农舍里安家，也适应了农人的作息；甚至有人发现一对喜鹊在高压电塔上以钢丝铁条筑巢，虽说这是一个特例，却也略见端倪，谁能说多年之后，钢丝铁条不会是喜鹊筑巢的普遍“建材”呢！

鸟巢的多样性非但和鸟的种类有关，也和它们适应环境的行为有关。生活在水域环境的河乌、草原高歌的小云雀、穿梭林间的灰喉山椒鸟等，都有它们特定模式的巢窝；分布于中美洲与南美洲的灶鸟科鸟类约240种，是所有雀形目鸟类中，无论形态还是行为都最为多样的，它们所筑的巢，从地面的洞巢到树上的泥巢，多不胜数且十分特别。

“结庐在人间”的东方白鹳

几年前，有一对飞到中国台湾地区定居的东方白鹳，着实让许多人为之着迷。不过台湾地区的房舍没有它们家乡那样的烟囱可以筑巢，也没有人为它们在屋顶准备巢架，最后这对迷途的东方白鹳，竟选择在高压电塔上筑巢。

【编者注：此处保留作者原图，但东方白鹳应为黑嘴而非红嘴。】

“无壳蜗牛”与“托婴寄养”

许多涉禽或者雉科鸟类会在地面的浅凹处下蛋，和它们的祖先一样，有着最简单的巢。讲究些的，可能还会以小石子、小树枝、草叶等点缀周围。它们的雏鸟大都早熟，出生后很快就能自行觅食。

有的鸟类就像没有壳的蜗牛，并不筑巢，只要选个安全的场所，就可以下蛋。鸵鸟、崖海鸦、黑头鸭，部分的企鹅和杜鹃，多数的夜鹰、白燕鸥等，都是不筑巢或巢寄生的鸟类。例如：生活在海边的崖海鸦会将圆锥形的蛋直接下在裸露的岩石上；多数的夜

不筑巢的白燕鸥

白燕鸥和燕子一样，每年都会回到相同的地点生殖。外形虽然看似纤细柔弱，但为了生蛋，往往得用爪子爬树或在树枝尖端表演“走钢索”，成鸟本身已经摇摇欲坠，还将宝贝蛋下在光秃的枝干上，让人捏一把冷汗。

在崖壁下蛋的崖海鸦

崖海鸦不筑巢，它们选择在险峻的海岸峭壁生蛋，由于巢位太狭小，通常只生一颗蛋。蛋呈梨形，即使海风太大将其吹得旋转，也不易滚落。

不筑巢的夜鹰

夜鹰不筑巢，通常直接将蛋下在地面上或是枝干中间。

帝企鹅宝宝和黑头鸭宝宝

帝企鹅和黑头鸭都不筑巢，但宝宝的命运却大不相同。帝企鹅一个生殖季只生一颗蛋，所以父母会竭尽心力照顾下一代；反观黑头鸭父母，一个生殖季可能生很多蛋，它们利用寄生的方式将蛋偷偷下在其他鸟类的巢内。黑头鸭宝宝孵化后，便立刻展现其特有的浪子性格：离开寄生家庭，自己养活自己。

鹰也直接在地面上生蛋，并通过枯枝落叶的掩护，让蛋和地面砂石融为一体，不易被发现；分布于热带与亚热带岛屿的白燕鸥会在光秃的树枝上生蛋，它们的蛋完全没有保护措施，强风一吹，可能就落下来了，真让人捏把冷汗；生活在南极的帝企鹅则将蛋置于脚上，并以毛毯般的腹部盖住，没日没夜地孵着。这类鸟中，除了一夫多妻制的鸵鸟会养育较多子代以外，多数都是少子一族。

有些鸟类不但不筑巢，对后代也不闻不问，直接就将蛋下在别人的巢里，完全交由其他种类的“养父母”（宿主）代劳。这类鸟中最有名的就是杜鹃，不过，也不是所有杜鹃科鸟类都不筑巢，只有六十几种分布在欧洲、亚洲、非洲的杜鹃有此习性，美洲的杜鹃则自己筑巢。中国台湾地区的杜鹃科鸟类约有11种，夏候鸟中的中杜鹃曾多次被观察到将卵下在黄腹山鹪莺及棕头鸦雀的巢中；属于留鸟的小鸦鹃则自己筑巢育雏。

杜鹃如何托卵呢？下蛋之前，雌杜鹃会潜伏在树冠层隐蔽的地方，观察适合用来寄生的巢窝，一旦选中，立即飞起趋近目标，它那像小型雀鹰一样的外形会把宿主吓跑，雌杜鹃便迅速在巢内生一颗蛋，整个过程不到10秒，然后迅速离去，寻找下一个倒霉鬼。亲生子嗣的照料，就这样交由不知情的宿主代劳啦！

杜鹃宝宝通常较宿主的雏鸟早孵化两三天，孵化出来后，本能地会以背部将宿主所生的蛋或雏鸟拱出巢外，“心狠手辣”已然显露，养父母却不以为意；较大型的大斑凤头鹃，通常托卵在喜鹊或乌鸦的巢中，它的雏鸟虽然不会将宿主的雏鸟拱出巢外，却会仗恃优越的体形，与宿主的雏鸟竞争食物。由于其食量特大，其他雏鸟往往不是对手。

全世界的鸟类中，约有1%是典型的托卵者。除了杜鹃科以外，部分维达雀科、响蜜䴕科、拟鹂科鸟类，以及鸭科的黑头鸭，都是著名的托卵性鸟类。以凶残著称的响蜜䴕会托卵在啄木鸟、蜂虎或拟啄木鸟的洞巢内，孵化的雏鸟眼睛尚未睁开就带着武器——小小的喙上长了尖勾，一出生便会将宿主的雏鸟刺死。

自然界里，巢寄生鸟类与被寄生鸟类的角力，到底谁输谁赢，目前没有定论，因为这是一场长久的生存战争。为了不必

雌杜鹃正在大苇莺的巢下蛋

雌杜鹃看准了大苇莺不在巢内，以短短几秒钟的时间迅速产下一颗蛋，再吃掉一颗大苇莺的蛋。外形上，杜鹃蛋和大苇莺蛋非常相似，许多被寄生的大苇莺就这么傻乎乎地帮助杜鹃完成抱卵、育雏的艰辛工作。

杜鹃的蛋虽然比大苇莺的蛋略大些，却有着相似的花纹。

响蜜䴕雏鸟

响蜜䴕也会托卵，它专找啄木鸟等筑树洞巢或地洞巢的鸟类寄生，它的宝宝喙端长着尖钩，用来刺死被寄生鸟的鸟宝宝，孵化一段时间之后，这个尖钩便会自动脱落。

辛苦筑巢，托卵者不断使出奇招，产下的蛋能模仿宿主蛋的花纹，其雏鸟也会模仿宿主雏鸟的索食声，不但坐享其成，还造成了宿主的损失。

不过，宿主也非省油的灯。除了会驱赶托卵者，也会选择在更隐秘的地方筑巢，离巢时还要将蛋覆盖，并减少离巢时间；再者，宿主一旦识别出托卵者的蛋，便会将它踢出巢外，或者弃巢另起炉灶。北美洲的灰莺雀若发现被褐头牛鹂寄生，会立刻将巢毁掉，但它可不会浪费珍贵的巢材——在邻近的树上觅得新巢位后，便会拆旧巢来筑新巢。

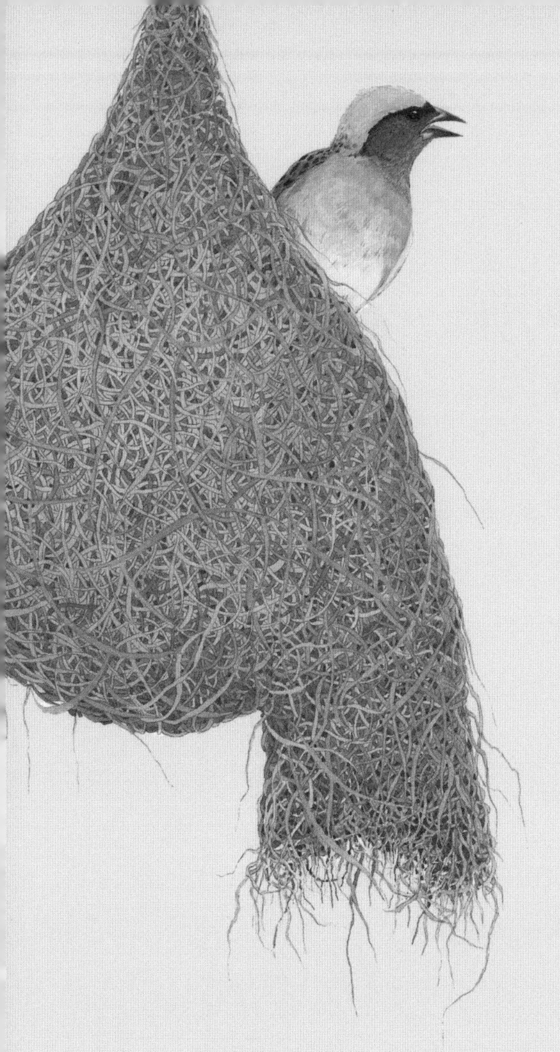

第二章

风格各异的建筑名师

善于针线活的缝纫师

缝叶莺

有些鸟类能以类似针线缝纫的手法筑巢，你相信吗？答案是真的有。在此类鸟中，最厉害的非缝叶莺莫属，它们体态娇小玲珑，外形似鹪莺，但尾羽短些，嘴长而略弯。整个缝叶莺家族的成员约有15种，主要分布在中国南部、印度和东南亚地区。

缝叶莺雌鸟在交尾之后，便独自承担缝叶筑巢的工作。它先在树丛间选择一片或两片青绿的新鲜叶子，以脚抓着叶缘将叶子卷起，再用弯曲的尖嘴当针，在叶缘钻孔，把找来的植物纤维、蜘蛛丝穿织于钻好的叶孔中，线尾则处理成球状，使其卡住孔而不会松开，非常专注地一针一线地将叶子缝成一个口袋，然后在口袋内填入细草、棉絮。如此精致的窝巢，只需2～3天就可完工。

缝叶莺选择新鲜叶子来筑巢，不但有伪装的效果，叶面上的蜡质或细毛还可以防雨水。

缝叶莺与巢雏

是谁赋予一只小鸟这样的天赋？如果不看看长尾缝叶莺筑的巢
绝对无法想象鸟类在筑巢方面是何其优异于其他动物。这群小巧
缝纫师懂得利用蜘蛛丝或蛾茧丝当线，以自己尖锐的喙当针，一
一线缝出最舒适的育婴室。

编织匠的材料学

织雀科（黄胸织雀、黑头织雀），太阳鸟科（紫腰花蜜鸟），拟鹂科（橙腰酋长鹂），拟黄鹂科（拟椋鸟），攀雀科（攀雀），梅花雀科（白腰文鸟），绣眼鸟科（暗绿绣眼鸟）

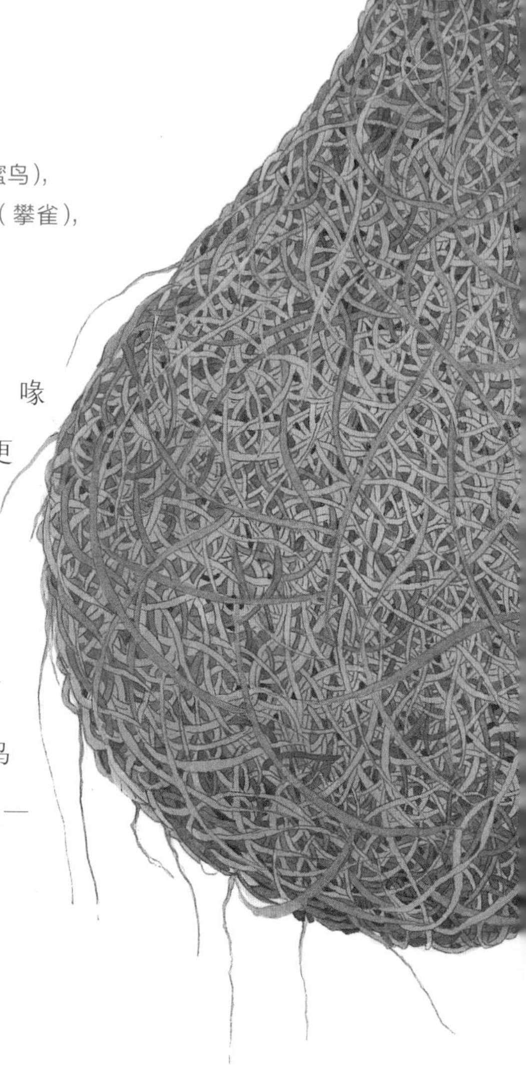

鸟类筑巢时，运用的工具只有喙和脚。喙用来搬运、搜集材料，有些鸟类嘴的功能更特殊，例如灰短嘴澳鸦的嘴可以像刮刀一样涂抹泥土；缝叶莺的嘴可以像针一样穿刺叶子；啄木鸟的嘴则像凿刀，挖洞非常方便。脚可抓住或固定材料，有些鸟的脚还可以当耙子，像会挖土洞的蜂虎科、冢雉科鸟类，以及燕科的褐喉沙燕，它们扒土的功夫一流。两相比较，鸟类对喙的运用似乎比脚多一些，看看织布鸟衔草编织的灵巧模样，就知道它的鸟喙有多厉害。

织布鸟多分布在非洲、亚洲的热带地区，喜欢聚集在河岸边或草原大树上筑巢，一棵树有时悬挂二三十个葫芦状的巢，蔚为奇观。筑巢通常由雄鸟施工，巢材选用禾本科植物或棕榈树叶。它们先用喙咬住叶缘一端，然后向上飞起，草叶就被撕扯成条

黄胸织雀与巢

黄胸织雀的巢可说是所有织布鸟当中最精致的，它们可以将植物纤维撕得又细又长，然后精准地编织出一个扎实的吊巢，巢下还设计了通道。

紫腰花蜜鸟与巢

居住在非洲、亚洲的太阳鸟科（紫腰花蜜鸟）与居住在美洲的蜂鸟，两者外形均属娇小玲珑，飞行能力甚佳，也都是编织筑巢的高手。筑巢方面唯一小小的差异在于巢型：多数太阳鸟的鸟巢属于封闭式的悬吊巢，巢口位于巢侧，而蜂鸟的鸟巢（见第28页）多是开放式的枝架巢，巢口上方并未封闭。

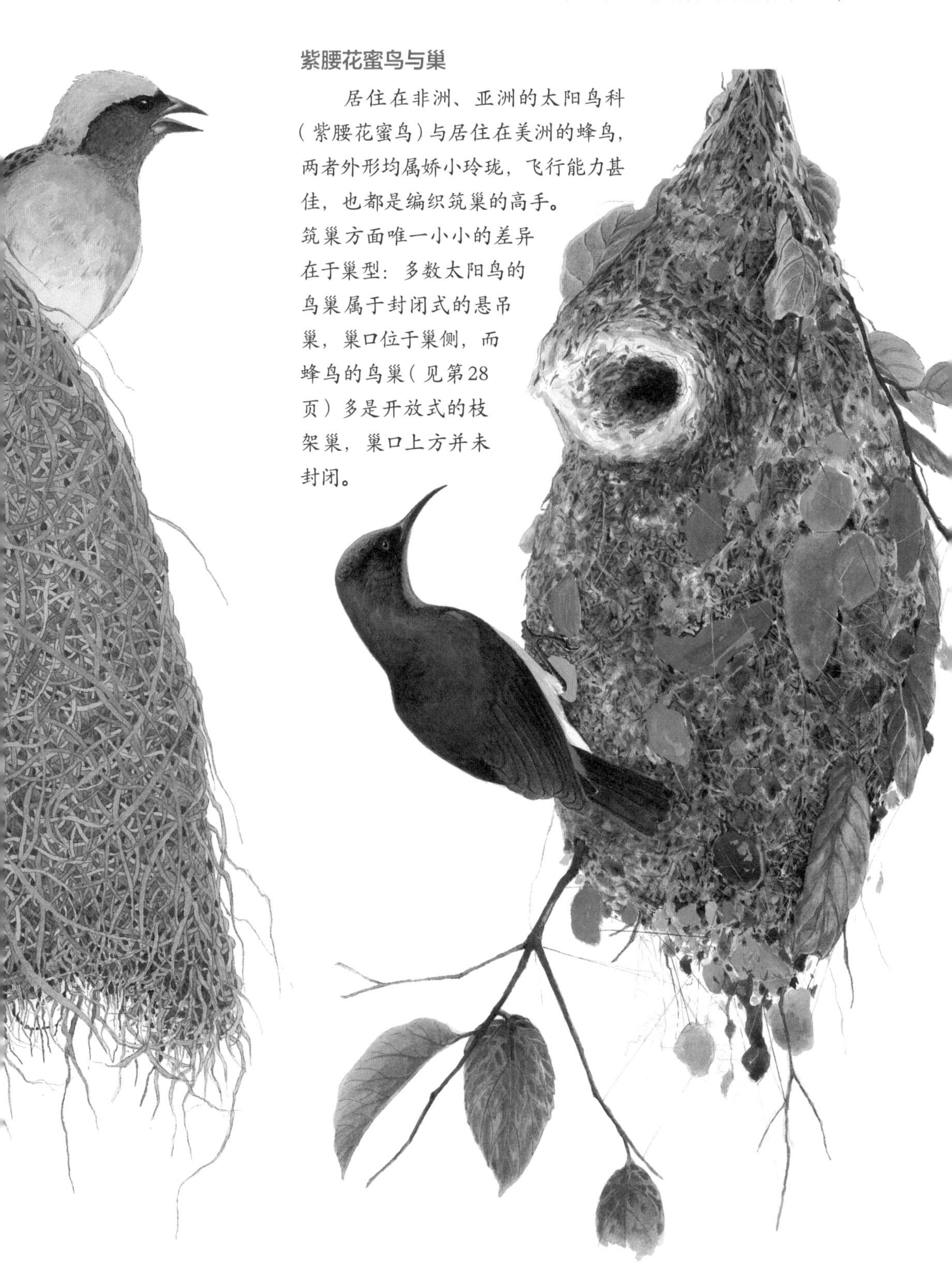

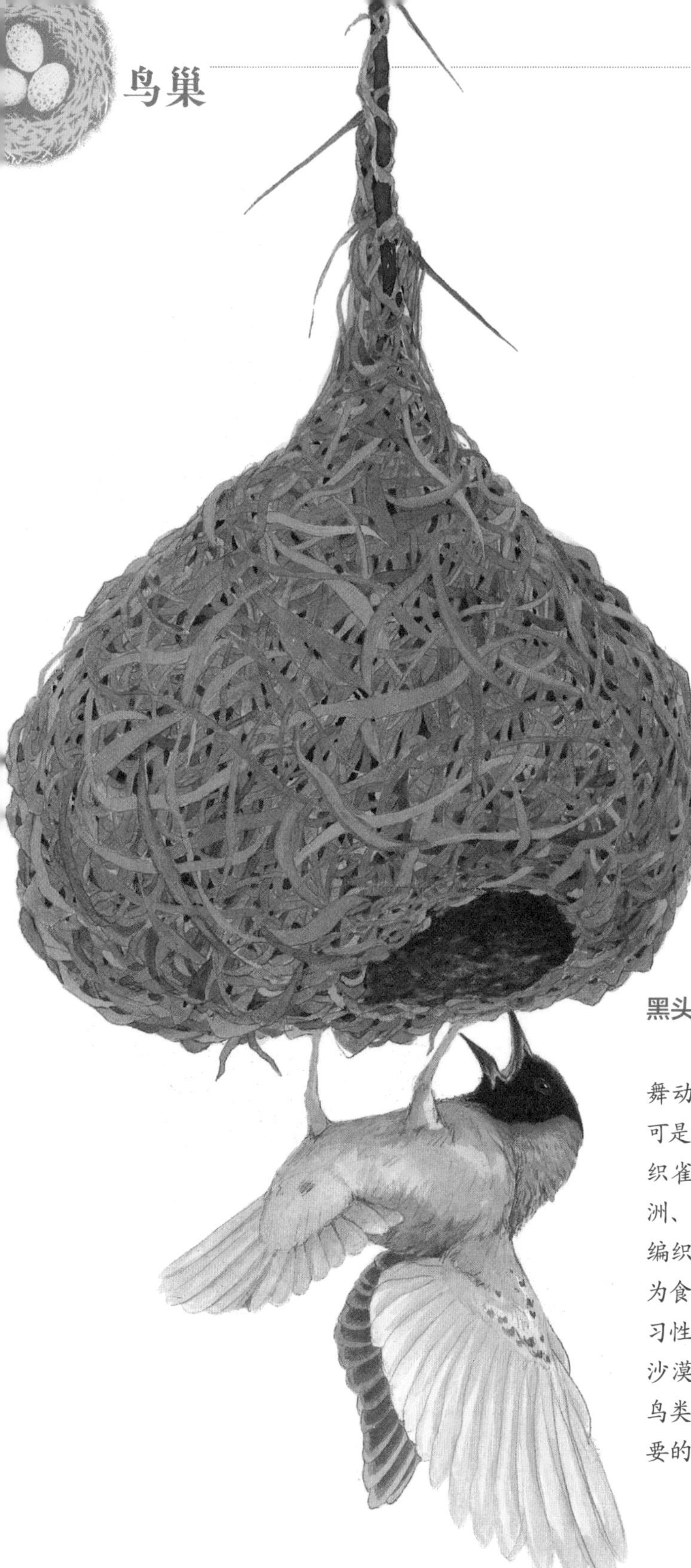

橙腰酋长鹂与巢（右图）

世界最长的鸟巢大概是橙腰酋长鹂的巢，最长的纪录有180厘米，这可能和常捕食它们雏鸟的天敌——巨嘴鸟，有很大的关系。如果它们也像织布鸟一样，将巢口朝下，或许就可以免去被巨嘴鸟夺走雏鸟的命运。

黑头织雀与巢（左图）

雄鸟刚筑好一个巢，便兴奋地舞动翅膀，倒吊在巢下吸引雌鸟，这可是它独特的求偶方式哦！全世界的织雀科鸟类约有114种，仅分布在非洲、欧洲南部和亚洲，它们都擅长编织筑巢。其中，住在森林里以昆虫为食物的织雀科鸟类没有群聚筑巢的习性，雌雄共同筑巢；而住在草原、沙漠，以植物种子为食物的织雀科鸟类，通常群聚筑巢，由雄鸟负责主要的筑巢任务。

蜂鸟虽然是世界上体形最小的鸟类，但它们可以利用各种巢材建筑出最精致的鸟巢。巢材有蜘蛛丝、棉絮、兽毛、地衣、植物茎叶和花等。

状；到了选定的树梢，将条状叶片打结缠绕，悬挂并固定在某个位置之后，就开始编织第一个圆环，接着以圆环为经纬，慢慢扩充，一环扣一环，渐渐形成一个开口朝下的圆形巢窝，雄鸟便以此鸟巢向雌鸟炫耀。

常见雄鸟倒吊在巢下，不停鼓动翅膀，好像在对雌鸟说："进来吧，进来看看吧！"雌鸟往往掌握此巢的生杀大权，如果她不喜欢，雄鸟就得拆掉重建；反之，一旦被接受了，雌鸟就会衔来一些草叶，铺在巢内，与雄鸟交配。接下来，它们俩将合力完成最后的阶段：添补巢材、加强结构，有的还会在巢内放置泥块或小石子，或在巢室内修筑隔间，以增加重量来抵御大风，同时避免蛋的滚落。外观上，不同种类的织布鸟所筑的巢也不一样，有的像球或提篮，有的还有长长的通道。当然，经验丰富的"老鸟"筑起巢来也比"菜鸟"得心应手。

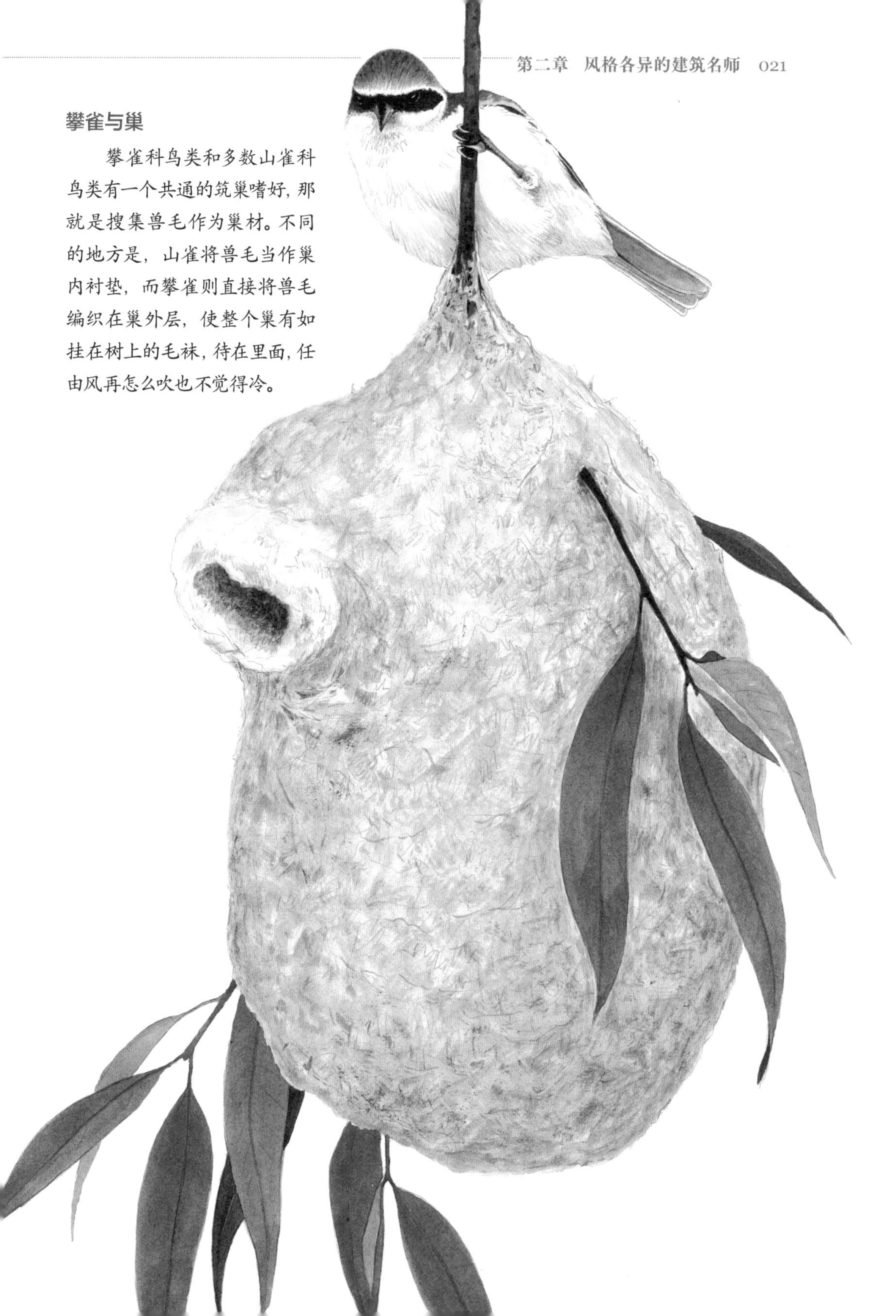

攀雀与巢

攀雀科鸟类和多数山雀科鸟类有一个共通的筑巢嗜好，那就是搜集兽毛作为巢材。不同的地方是，山雀将兽毛当作巢内衬垫，而攀雀则直接将兽毛编织在巢外层，使整个巢有如挂在树上的毛袜，待在里面，任由风再怎么吹也不觉得冷。

南美洲的拟椋鸟和酋长鹂的编织筑巢技术也丝毫不输给织布鸟，它们同样选择在河岸边或开阔林地的大树上聚集筑巢。不同的是，它们体形较大，巢也较大，通常也是利用细长的植物纤维来织巢，巢的长度为60～180厘米，呈纺锤状，巢口朝上。它们行一夫多妻制，雌鸟与雄鸟分工明确：雌鸟单独筑巢、孵蛋；雄鸟负责防御、交配和育雏。

拟椋鸟和酋长鹂有时会选择在有黄蜂窝的树上筑巢，因为黄蜂可以帮忙抵抗猴子等捕食者。如果出现专门吃蜂窝的鸟类，拟椋鸟和酋长鹂也会群起抵抗来保护蜂窝，动物间的互利行为在此可见一斑。

攀雀也是编织高手，它们体形小，和暗绿绣眼鸟差不多大，面部有黑色过眼线，看起来就像树林间的蒙面小飞侠，很容易被误以为是山雀家族。然而，山雀多半选择树洞、岩缝作为筑巢地点，攀雀却能在枝丫上建筑一个随风摇摆的袜形巢。

早春，已配对的攀雀在选好巢位后，会先用植物茎叶在枝梢做个结，再以树皮纤维、兽毛和植物的细根编出一条条垂挂空中的细绳，然后将绳一圈圈绕住树枝，形成许多环，接着在环与环之间以草茎、细枝、羊毛编织成一个袜形巢。巢外再用蜘蛛丝补强，巢内再铺上柔软的材料。攀雀虽非山雀家族，但本性也和山雀一样，都喜欢利用兽毛筑巢，其中羊毛在所有巢材中占了大部分，因此，它们的巢就像一个温暖的白色毛袜。

其实，编织的筑巢技术普遍见于其他鸟类，只是设计上通常

暗绿绣眼鸟与巢

暗绿绣眼鸟是都市三侠（暗绿绣眼鸟、麻雀、白头鹎）中筑巢技术最好的，它们可以在许多地方筑巢，甚至在阳台上满是棘刺的叶子花的枝叶间，也可以发现它们筑的精致小窝，它们擅长用蜘蛛丝来筑巢。

比较简单，技法以堆叠、交结为主，若仔细观察，可以发现巢材之间的关系非常奇妙——彼此交结却不缠绕，例如白腰文鸟的巢。

白腰文鸟常成群结队，在农村菜园、果园、森林边缘或河岸草地上不难发现它们的踪迹。生殖季节，白腰文鸟会寻一处隐蔽的枝叶，雌雄鸟共同筑一个椭圆形的巢。相对于它们娇小的身材，巢显得颇大。巢材以禾本科植物、蕨叶或就地取材的植物组成，白腰文鸟和织布鸟一样，先搭建一个圆形框架，然后逐步构建外层，以身体稍加挤压，再完成主结构，最终衬以棉花、禾本科植物的花序等为内垫。整个巢约5～6天即可完工，巢口位于侧边，有的还有两个巢口，以方便逃生。

善用混凝土的泥水匠

大多数燕科（家燕、金腰燕、褐喉沙燕），澳鸦科（灰短嘴澳鸦），红鹳科，䴓科（岩䴓），灶鸟科（棕灶鸟），王鹟科（鹊鹩）

燕科鸟类是人们熟知的泥土筑巢者，它们那轻巧的外形及优异的飞翔能力和雨燕科鸟类相似，容易让人混淆。事实上，雨燕跟蜂鸟的亲缘关系都比燕子还要近些，因此，二者在筑巢方面也是大相径庭：一般而言，燕子以泥土筑巢，雨燕则是利用口水筑巢的专家。

暮春时节，常见家燕、金腰燕穿梭于街衢弄巷，习惯了人类的它们多选择在屋檐下筑巢。洋燕或烟腹毛脚燕则宁可选择在野外的桥墩、隧道或岩壁造窝。

长久以来，人们认为燕子是一种念旧的鸟类，因为它们会返回老地方筑巢。从前农耕社会时，大户人家的屋梁常见燕巢，燕子走了，屋主也不会清除，如此年复一年，在新旧燕子修补之下，便形成巨大规模的燕巢。由于人们相信燕子筑巢可以带来财富，加上燕子食虫，能助人去除讨厌的蚊蚋、苍蝇，每年定时的“人燕相会”就像亲友相聚，充满温馨。

燕子家族虽然基本都属泥水专家，但不同种类在筑巢习性上也有差异，例如家燕和金腰燕，不但巢形、大小不同，所需的泥

土量也不同。筑巢活动由雌雄鸟一起进行，它们在下过雨的学校操场、池塘边、建筑工地或者稻田里寻找湿泥洼地，嘴巴含着湿泥丸，来回辛苦筑巢。通常是早上忙着筑巢，下午觅食，因为如果在湿泥未干的情况下不断地加大巢体积，巢很可能会因过重而掉下来。

家燕筑巢平均需要200～300个泥丸，费时约一星期之后，才能建筑一个开口向上的碗形巢。金腰燕则需要300～400个泥丸，有时甚至更多，因此得花10～12天，它们那横向开口的长颈瓶形巢才能竣工。巢主要靠泥土撑起全部的结构，其间还混杂

金腰燕泥巢

金腰燕筑的泥巢像是剖开的半个花瓶，巢口不大，对雏鸟有很好的保护效果。生殖季结束后，留下的空巢往往会有麻雀住进来。

家燕筑巢

燕子的祖先原本是在树洞或岩洞中筑巢生殖的，后来人类出现，农耕生活改变了自然环境。燕子的食物——昆虫，也由于人类的农耕生活而发生了数量上的变化，有农田的地方昆虫也多，于是为了捕获更多食物来养育下一代，燕子也慢慢适应了与人类一起生活。如今，一些鸟类如家燕、洋燕和金腰燕，早已舍弃原野中天然的营巢地点，非人类建筑物不可！若说鸡鸭和人类生活息息相关，那么燕子和麻雀就是人类生活中最亲近的鸟类伴侣。

着细草秆、草茎叶以及自己的唾液，巢内垫有羽毛、兽毛、禾本科植物花序等柔软材料。我曾见过一只小家燕的脚被红色细绳缠住，可见它们有时候也会选些特别的东西当巢的内衬。

但同属燕子家族的沙燕属鸟类却并非衔泥筑巢一族，它们选择在沙岸筑地洞巢。台湾地区中部的砂石场就有褐喉沙燕在其中筑巢：地洞通常深约80～100厘米，褐喉沙燕会在地道最深处用植物茎叶衬出简单的产座，上铺羽毛。

澳鸦科鸟类也是利用泥土筑巢的专家，它们以群体行动、合作生殖而闻名，例如灰短嘴澳鸦。灰短嘴澳鸦平均由7只成员组成群体，最多可达数十只，群体以成年强壮的雄鸟为主，雌鸟为辅，亚成鸟则跟随着群体行动，社会等级明显。

筑巢时，灰短嘴澳鸦群体的所有成员都投入其中。它们先在水平的树枝上选一个巢位，然后以身体为中心，用衔来的泥巴混合草茎在身体周围涂抹一圈，接着衔泥回来的成员也以同样的动作一圈圈地涂抹，就像人类用刮刀砌墙一样熟练。慢慢地，一个碗形的土巢便有了雏形。即使整个筑巢过程由群体里的“男女老少”通力合作，也得花3～4天才能完工，完成后，所有成年雌鸟开始在同一个巢下蛋，孵蛋工作由成鸟负责，没经验的亚成鸟则负责警戒。雏鸟孵出后，所有成员又共同投入育雏工作。

红鹳科鸟类与鹤科鸟类没什么亲缘关系，与鹳科或鹭科鸟类亲一点。然而，它们在筑巢行为上又跟鹤科鸟类比较像，因为它们在地面筑巢，而鹳科、鹭科鸟类是在树上筑巢的。红鹳交配

褐喉沙燕挖地洞巢

和家燕一样，属于燕子家族的褐喉沙燕也是益鸟。它们筑巢的方式不是筑泥巢，而是挖地洞。它们会在长长的地洞巢内布置一些搜集来的羽毛、植物茎叶当作衬垫，然后在衬垫上生蛋。

灰短嘴澳鸦与泥巢

合作生殖的灰短嘴澳鸦常将泥巢建筑在水平的枝干上。食碗形状的土巢是它们以衔来的泥巴砌成的。

后，会在选好的位置上用6个星期的时间，以弯折的喙将湿泥一点一滴堆成火山锥似的泥巢。泥巢高约30厘米，巢顶有浅凹，蛋就生在这里。

若说起泥巢的建筑大师，则不得不提阿根廷的国鸟——棕灶鸟，它们常在水

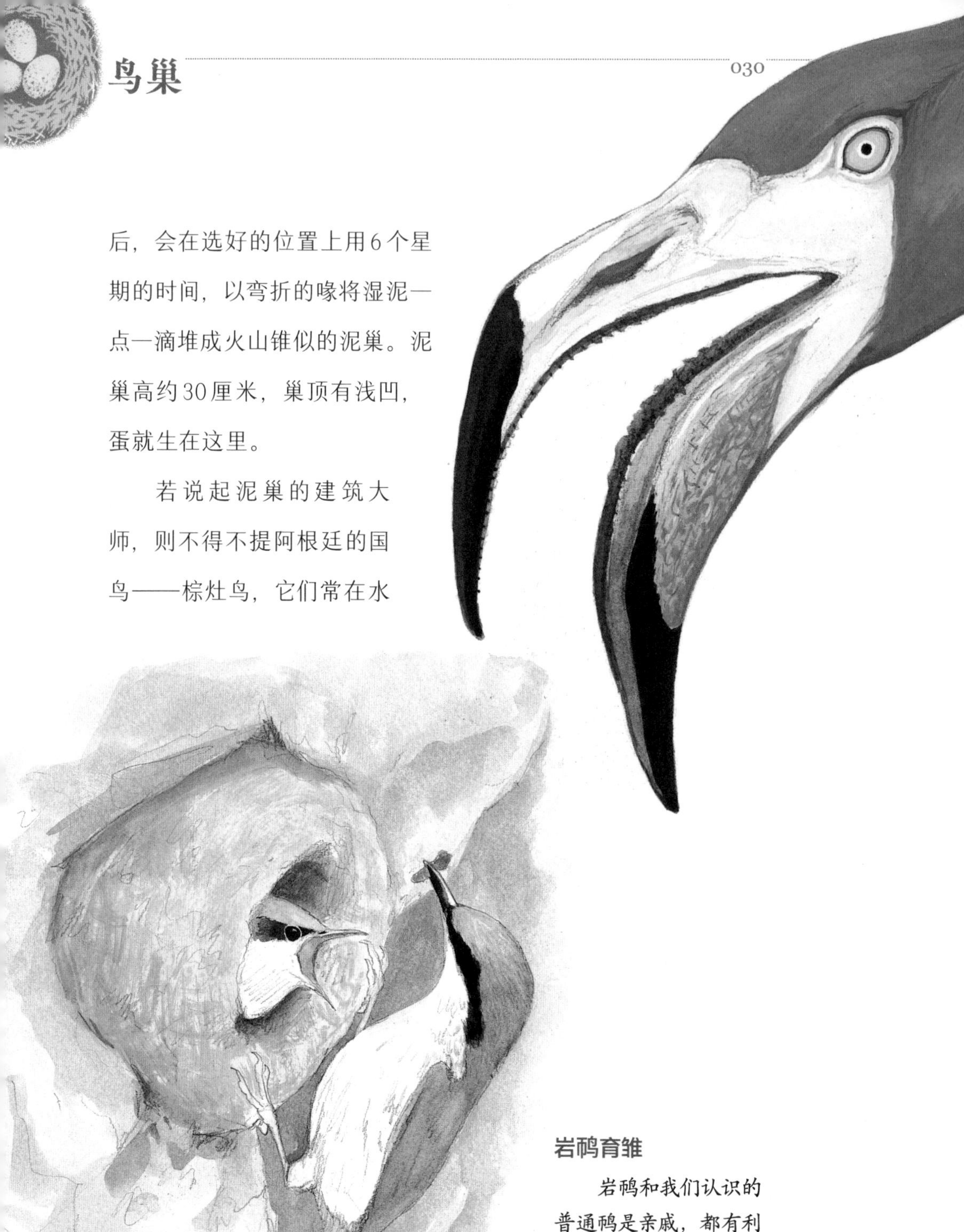

岩鸸育雏

岩鸸和我们认识的普通鸸是亲戚，都有利用泥土将巢洞口填小的筑巢习性。

红鹳泥巢

看着红鹳的筑巢过程，我总是会联想到捏陶土。没错，红鹳就是鸟类中的最佳陶塑师，它们的作品形态统一，都做得像一个小小的火山锥。

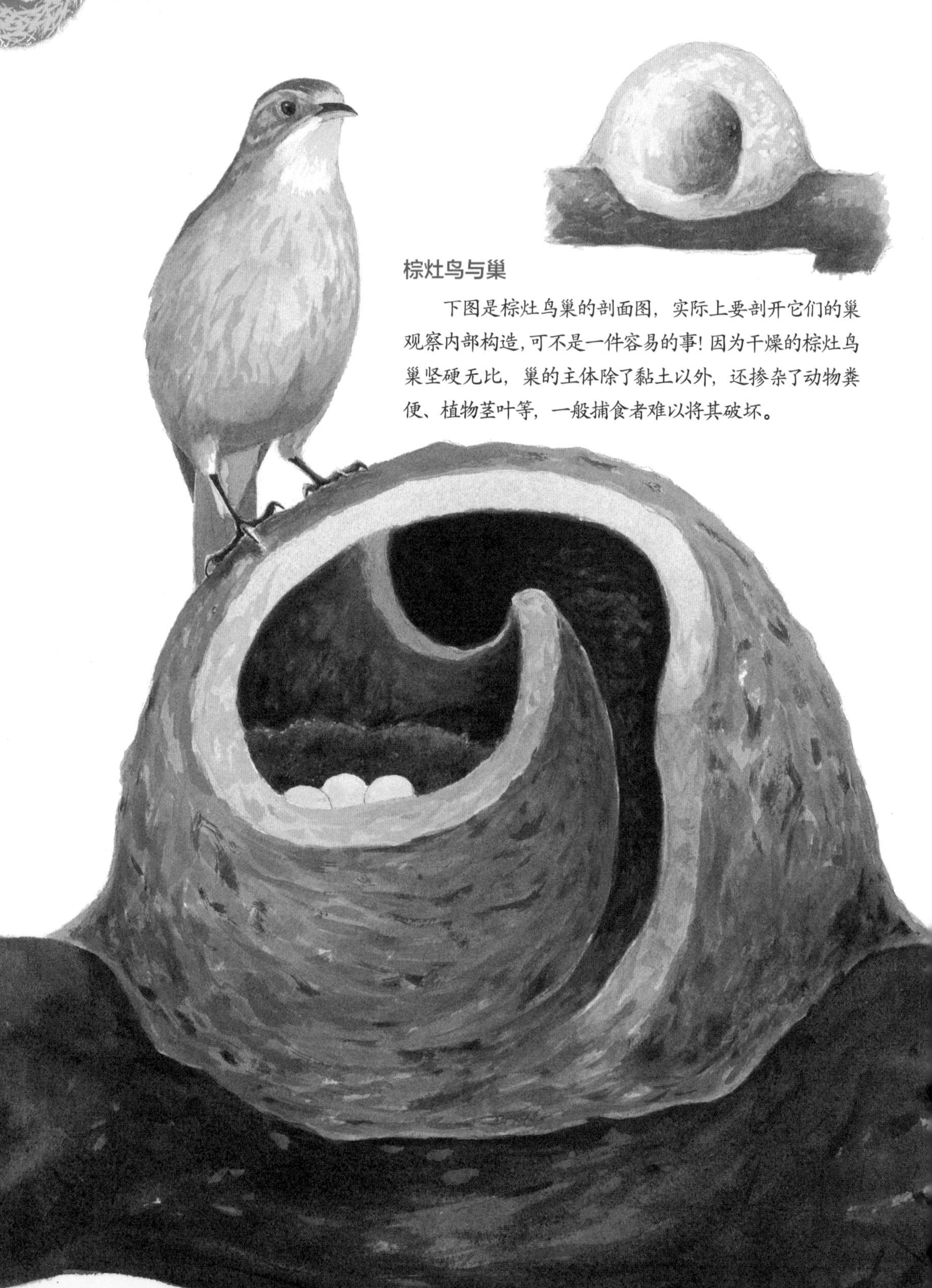

棕灶鸟与巢

下图是棕灶鸟巢的剖面图，实际上要剖开它们的巢观察内部构造，可不是一件容易的事！因为干燥的棕灶鸟巢坚硬无比，巢的主体除了黏土以外，还掺杂了动物粪便、植物茎叶等，一般捕食者难以将其破坏。

平枝干、栅栏的柱子或人类的屋顶上筑巢。巢材有泥土、动物粪便、植物纤维，它们会将搜集来的巢材混合成小土球，先用来打地基，再用以砌墙。大约需要2 500个土球，才能筑成一个外形看似烤面包机的圆顶巢。整个巢有足球那么大，重约4千克，椭圆形开口位于侧面，开口向内是一条通往产座的回旋步道，内置柔软的植物。可能因为巢材特殊，泥巢曝晒后坚硬无比，据说要用大槌才敲得开。

对鸟类而言，泥土是筑巢重要的建材之一，就算不以泥土作为主要巢材的鸟儿，有时也会用泥土来修补巢窝。譬如喜鹊会将泥土填在巢隙间，犀鸟则会用泥土混合着反刍的黏液、木屑、枝叶，把巢洞封起来。

鹊鹩泥巢

在水平的枝干上筑泥巢的鹊鹩，和许多居住在大洋洲的鸟类一样，喜欢用泥土来筑巢。也许是大洋洲大部分地区的气候较为干燥，泥土成了最好用也最方便的巢材。

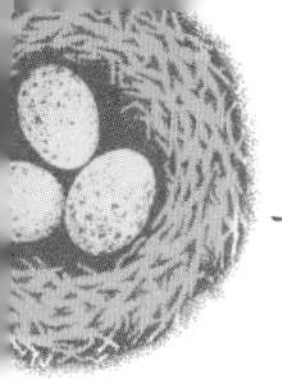

吐口水的高级建筑师

雨燕科（金丝燕、非洲棕雨燕），凤头雨燕科（凤头雨燕）

东南亚沿海地区的金丝燕在生殖季期间会分泌大量唾液来筑巢。它们的唾液呈胶状，富含蛋白质与碳水化合物，一旦与空气接触，便黏结了起来，也就是一般被视为补品的“燕窝”。燕窝是唯一可以食用的鸟巢，尤其是爪哇金丝燕和白腹金丝燕的巢窝，据说唾液成分高，颜色纯白，杂质较少，是昂贵“官燕”的主要来源。自古人类便不断地采集燕窝，据说有润肺滋阴效果的燕窝，也成了难得的食疗珍品。

金丝燕是雨燕科金丝燕属的鸟类，全世界有约20种，主要分布于印度尼西亚、泰国、马来西亚等东南亚国家的沿海地区。金丝燕的体形比一般燕子小，穿梭在黑暗的海岸峭壁岩洞中，能够和蝙蝠一样利用回声定位来辨别方向和找到自己的巢。

采集燕窝必须熟悉金丝燕的筑巢过程。据说，部分地区的燕窝采集程序是：刚筑完的巢不等雌鸟生蛋，就要采下，等成鸟另筑一巢后，便可再采一次燕窝，之后一次留给它们生蛋育雏，待幼鸟离巢，再采最后一次。采燕窝的过程实在很残忍，因为很多被采下来的燕窝中已经有了蛋或雏鸟。偶有采到带有红色的燕窝，也就是俗称的“血燕”，人们曾以为是因为它们一再筑巢，唾

金丝燕的口水巢

金丝燕极少利用周遭环境提供的材料来筑巢，因为金丝燕自行分泌的唾液就是最佳建材，而这就是人类食用的“燕窝”。当初燕窝是怎么来到人类餐桌上的，确实不易考察，不过可以确定的是，首先食用燕窝的必是居住在东南亚沿海地区的人。

非洲棕雨燕与巢

喜欢将巢筑在棕榈叶背面的非洲棕雨燕全身灰黑，它们会在生殖时利用自己的唾液将搜集来的羽毛、棉絮、植物碎片或兽毛粘成一个个小窝。

液用尽而呕血筑成，但其实那是巢被岩壁渗出的氧化铁染红所致。无论如何，金丝燕通常需要33～41天才能建造一个巢，并且它们在这期间需要吐出相当多的口水，如此辛苦的劳动成果，我们怎能忍心吃它呢！

雨燕科鸟类都是利用口水筑巢的专家，但除了金丝燕的巢，其他多数雨燕的巢是没有人吃的。雨燕的唾液如同燕子泥巢用的泥土，具有凝结作用，然而雨燕却没有燕子那么讲究，往往几片羽毛或几根火柴棒大小的树枝，就可以用唾液粘成一个窝；非洲棕雨燕就在棕榈叶的背面，以唾液将羽毛、碎叶简单粘成一个小窝，所生的蛋也用唾液粘牢固定，因此即使小窝在叶上随风摇曳，蛋也不会掉落。

凤头雨燕的巢极小。它们不像雨燕一般群聚筑巢，而是单独在树枝上将树叶碎片以唾液黏合，使其形状刚好就是一颗蛋的大小，因此成鸟坐在上面孵蛋时，人们只会以为它们是停栖在树枝上休息。

凤头雨燕与巢

凤头雨燕生殖时，会以唾液和着植物或羽毛碎片，在枝干水平处粘成一个小小的窝，巢中只下一颗蛋。

洞穴开凿专家

啄木鸟科，拟啄木鸟科（台湾拟啄木鸟），
犀鸟科（苏拉皱盔犀鸟），翠鸟科（笑翠鸟、普通翠鸟），
蜂虎科（栗喉蜂虎）

有些鸟类不喜欢在光天化日之下筑巢生殖，必须找一处幽暗隐蔽的地方，才能安心下蛋。自然环境中，树洞、土洞、岩缝提供了较为隐蔽的地点，这类在洞穴中筑巢的鸟类，统称为“洞巢鸟”。

洞巢鸟对于洞巢的选择并不随便，有的要选择特定的树种；有的喜欢枯木；有的挑剔土壤砂质；也有的将巢建立在蚁冢中，巢位和蚂蚁的分布息息相关——蚂蚁可以帮助它防御捕食者，在蚁冢内筑巢安全得多。

通常，洞巢会比树枝上的“开放巢”来得安全。即使栖息地环境不甚理想，生殖的成功率也普遍高于筑开放巢的鸟类。因为洞巢能遮风避雨，不易被捕食者入侵，也较少被其他鸟类托卵寄生。洞巢鸟的雏鸟比较晚熟，一般开放巢鸟类的雏鸟约在孵化后9～11天第一次离巢，洞巢鸟的雏鸟却要到孵化后16～22天才第一次离巢，此时其羽毛已经长得较完整，飞行基本没问题。

既然洞巢好处多多，其他鸟类为什么不也都筑洞巢呢？这是因为鸟儿为了使用洞穴，在生理及行为上，都必须要有特别的适应方式。也就是说，洞巢鸟必须要有一对强健的脚爪，以便抓牢

啄木鸟与巢

想想看，如果森林中没有了啄木鸟会如何？单以啄木鸟所造的树洞巢来说，许多不会自己凿洞的“次级洞巢鸟”将难以找到树洞来生殖，其影响范围可能扩及许许多多的森林动物。动物失去了生殖场所，自然是件严重的事。

台湾拟啄木鸟与巢

不少人看见台湾拟啄木鸟也和啄木鸟一样有啄木的行为，就认为台湾拟啄木鸟是真的在啄木，其实仔细观察，台湾拟啄木鸟啄木的速度没有啄木鸟快，因为它们的鸟喙等形状构造本来就不是用来凿洞的，台湾拟啄木鸟只能将枯木软化的部分挖开，将原有的树洞做些整理而已。

苏拉皱盔犀鸟与巢

苏拉皱盔犀鸟和美洲产的巨嘴鸟同样有着一张大嘴巴，也都在树洞中生蛋，只是苏拉皱盔犀鸟还特别加了一道工序：它们会用泥巴、浆果混合自己的唾液及粪便，将巢洞口封闭，仅留一个小口，雌鸟自囚在巢中孵蛋，由雄鸟喂食。直到雏鸟孵化之后约两星期，雌鸟破洞出关，这时由雌雄鸟一起喂食幼鸟。这种喜欢自囚的习性，人们猜测可以减小被捕食的概率，但其真正原因至今仍是一个谜。

位于垂直面的洞口，例如善于在树干上行走的啄木鸟或普通鳾。此外，身体大小也会有限制，虽然也有如犀鸟、雕鸮、金刚鹦鹉等大型的洞巢鸟，但多数洞巢鸟体形都不大，以方便钻洞。在行为上，筑开放巢的鸟类生性就不喜欢钻洞，连隙缝都不喜欢，因此，人工巢箱也只能引来洞巢鸟。

洞巢也不完全是有益无害的，它较容易滋生吸血性寄生虫，例如羽虱、体虱或跳蚤。在阴暗的洞巢中，清洁不是轻松的事，所以野生的犀鸟绝对不重复使用旧巢。

洞巢鸟中，会自己挖洞筑巢的称为“初级洞巢鸟”，例如啄木鸟；不会挖洞却利用别人挖好或天然现成的洞穴来筑巢的，则称为“次级洞巢鸟”，山雀、猫头鹰、鸳鸯都是这类的代表。台湾拟啄木鸟和鹦鹉虽然不凿洞，但为了生蛋，仍会找一个洞穴。台湾拟啄木鸟虽然看似会如啄木鸟一样地啄木，但其实它只能选择枯树，将洞穴松软的部分移除，在洞穴内外做些扩建、修整的工作，和鹦鹉一样，算是介于初级和次级洞巢鸟之间。

同时，如啄木鸟这类初级洞巢鸟对森林的生态很重要，它创造出来的洞巢不但能造福次级洞巢鸟，也方便了以洞穴为巢的松鼠、飞鼠等其他动物；啄木鸟还有“森林医生”的美誉，可以有效减少害虫。啄木鸟大多选择枯木或枯枝凿洞巢，因为枯木含水量低，不易发霉、生虫。此外，啄木鸟不仅在树上筑洞巢，有的也会选择在树上的蚁窝、仙人掌、人类房屋的木墙上凿洞筑巢。在山东省，甚至还有灰头绿啄木鸟在林道边的土

笑翠鸟与巢雏

大洋洲特有的笑翠鸟喜欢在树洞筑巢，其英文名 Laughing Kookaburra 来自大洋洲原始居民对它们的称呼。据说，一般人只要听见笑翠鸟的叫声，就会跟着笑起来。

堤洞穴内筑巢的记录。

大部分的洞巢鸟并没有啄木鸟那凿子般的喙，以及有如隐形安全帽的头部防震构造，因而无法自己挖开坚硬的树干，除了接收啄木鸟弃用的“二手房”外，有些鸟类还会选择土坡或蚁冢来做窝筑巢，普通翠鸟和蜂虎就是这方面的代表。

普通翠鸟的领域性极强，早春就要在溪段上选好巢位，虽然平日过惯了孤独的生活，此刻起便要开始夫唱妇随，一起寻找适当的巢位。巢位通常位于稍稍前倾的土堤壁面，选好之后，便开始嘴脚并用，挖出一条长1～2米、缓缓斜升的地道，再将地道尽头扩充加大成产座，里头什么也不铺，就在这里生蛋。全世界有90多种翠鸟科鸟类，大部分都自己挖地洞，但也有选择在天然树洞和树上的蚁冢挖洞筑巢的种类。

挖地洞筑巢的蜂虎常是大群聚集生殖，它们对巢位的要求比翠鸟高，例如土壤含沙量要大、不能太潮湿，它们对日照方位也很重视。所以，有限的巢位对蜂虎来说是很珍贵的资源，其领域性也就没有翠鸟那么强了。

蓝翡翠与地洞巢

多数翠鸟嘴大、头大、脚小，羽色丰富，在大自然中是一种极易吸引人类目光的鸟类。不过，它们筑巢的地点却极为保密。蓝翡翠一发现捕食者出现在巢位附近，就会刻意飞向捕食者，引起注意，然后将其引开。

栗喉蜂虎的群体地洞巢

全世界的蜂虎科鸟类约有25种，其中有7种独自挖地洞筑巢，其余都采取集体挖地洞的筑巢方式。蜂虎对于地洞巢的选择受限于气候及地质环境。没有适当的营巢地，它们就不会进行生殖。每年夏天，在金门岛可见成群的栗喉蜂虎为下一代而忙碌，因为在金门岛有含沙量高且干燥的沙质土壁地形，这是栗喉蜂虎喜欢的筑巢环境。

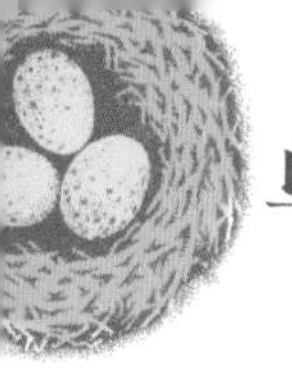

力大无穷的搬运工

鹰科（白头海雕、蛇雕），鹭科（苍鹭），锤头鹳科（锤头鹳）

相对于小型鸟类所筑的细致窝巢，鹰、鹭、乌鸦等中大型鸟类的巢就粗犷多了。它们的筑巢方法主要是堆叠、压实、再堆叠，除了一些猛禽及鹳会添加些绿色枝叶以外，巢一点也不花哨，说穿了，只是一堆叠起来的树枝。不过，要搬运粗枝上树，没有强大的肌耐力是绝对办不到的，这些鸟儿真可谓是鸟中的搬运工。

猛禽筑巢，常是雄鸟搬来巢材，交由雌鸟安排，每年筑一个新巢。但也有一些体形较大的种类，如雕、鸳等，习惯反复使用旧巢。北美曾经有一对连续35年在同一棵树上筑巢的白头海雕，在经年累月不断添加新枝的情况下，巢越来越大，也越来越厚，纵使成年男子站上去也压不垮。

有的猛禽比较懒惰，会侵占喜鹊或乌鸦的巢。生活在我国的红隼和红脚隼，会耐心地等待喜鹊将巢筑好，然后大方地“进驻”，虽然失去巢的喜鹊不断发出不平之鸣，但红隼、红脚隼仗恃着喙尖爪利，完全置之不理。这种情况，早在《诗经》中就已描述：“维鹊有巢，维鸠居之。”所谓“鸠占鹊巢”，这个“鸠”字，指的就是红隼、红脚隼之类的小型隼。

不同于猛禽以脚搬运巢材，鹭大多以嘴拣拾、搬运地上的枯枝。它们的巢呈平台状，粗枝大叶地架构在树上，看起来一点也

不像巢；虽然硬邦邦的枯枝不像草茎、树叶等利于编织，但也只有枯枝才能支撑鹭的重量。

白鹭、夜鹭和牛背鹭采取群聚生殖的方式，单独筑巢的鹭科鸟类则有黑冠鳽、栗苇鳽等。鹭群聚筑巢的巢区或休息过夜的场所俗称“鹭林”，它们对树种并无偏好，反而对树的高度、大小有所要求，喜欢在9～13米高、直径10厘米以上的树上筑巢。

体形和牛背鹭差不多大小的锤头鹳，鸟如其名，头部形状

苍鹭的巢与蛋

和多数鹭科鸟类一样，苍鹭也喜欢集体营巢。它们的巢建在湿地旁的大树上，巢与巢之间的距离相对于其他中小型鹭科鸟类而言较远。巢材以树枝为主，巢呈浅盘形，当季用完即弃置不再用。

就像锤子。它虽然名中有个“鹳”字，筑巢习性却与一般筑平台巢的鹳鸟相去甚远。在非洲撒哈拉沙漠以南、马达加斯加岛及阿拉伯半岛的河流溪畔大树上，往往可以发现锤头鹳所筑的球形大巢。

锤头鹳是雌雄共同筑巢，得花1～2个月才完工。整个巢由约8 000根粗细不等的树枝构成，入口位于巢侧，巢内部有隔间、通道及产房，产房底部衬有泥土，巢高可达2米，厚实得如同一栋小型公寓，巢外部的空隙，有时会有其他鸟类搬来居住。即使

蛇雕与幼雏

蛇雕的叫声十分响亮。别看它们粗枝大叶的，筑起巢来一点都不含糊：先用脚运来大树枝架在枝干处，再用嘴衔来小枝叶铺在巢中间。因为蛇雕宝宝就像个小绒毛球，不好好呵护怎么行?!

不在生殖季节，锤头鹳还是会从各处搬来巢材，不断扩充规模，一个巢可以使用好几年。

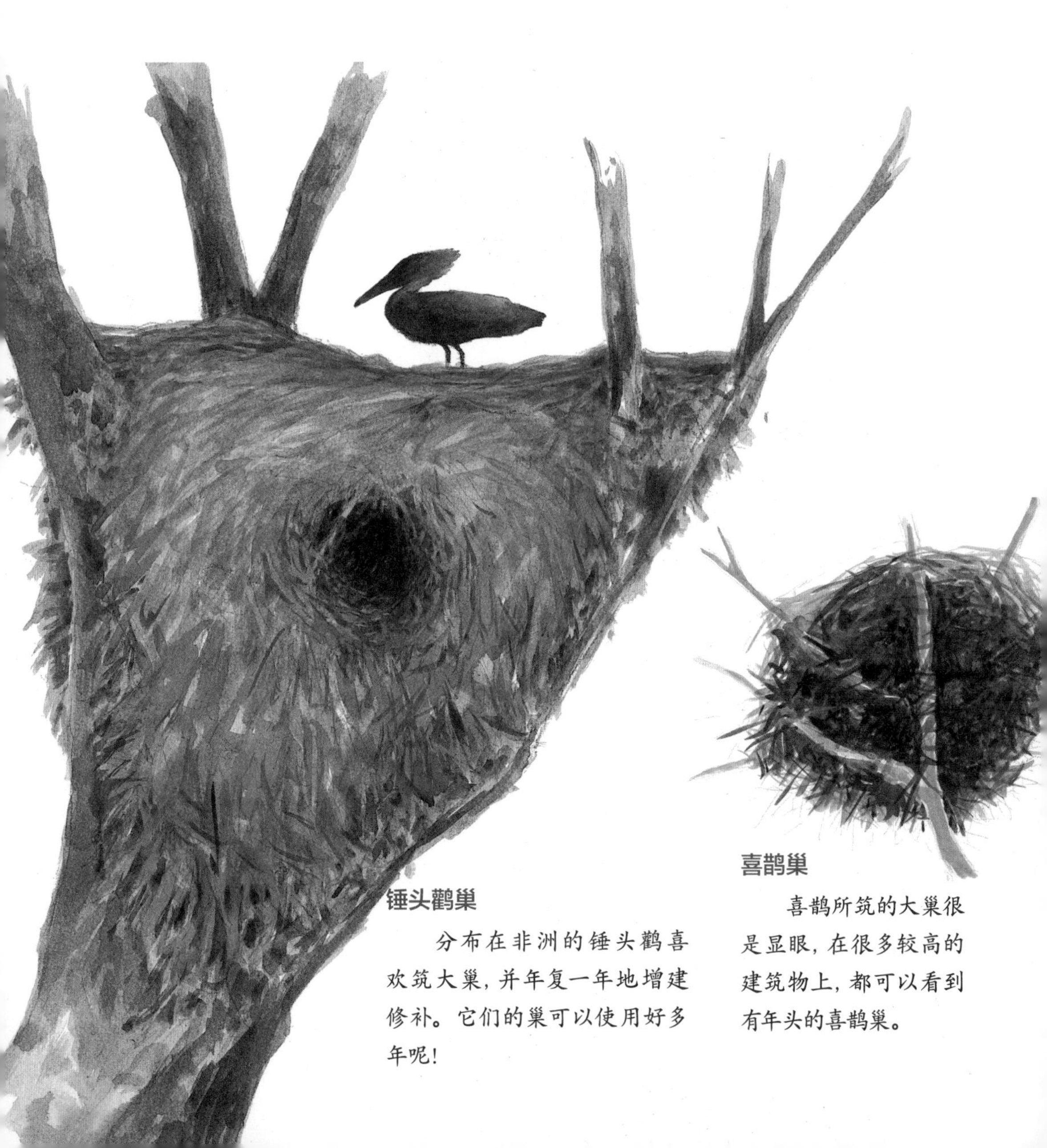

喜鹊巢

喜鹊所筑的大巢很是显眼，在很多较高的建筑物上，都可以看到有年头的喜鹊巢。

锤头鹳巢

分布在非洲的锤头鹳喜欢筑大巢，并年复一年地增建修补。它们的巢可以使用好多年呢！

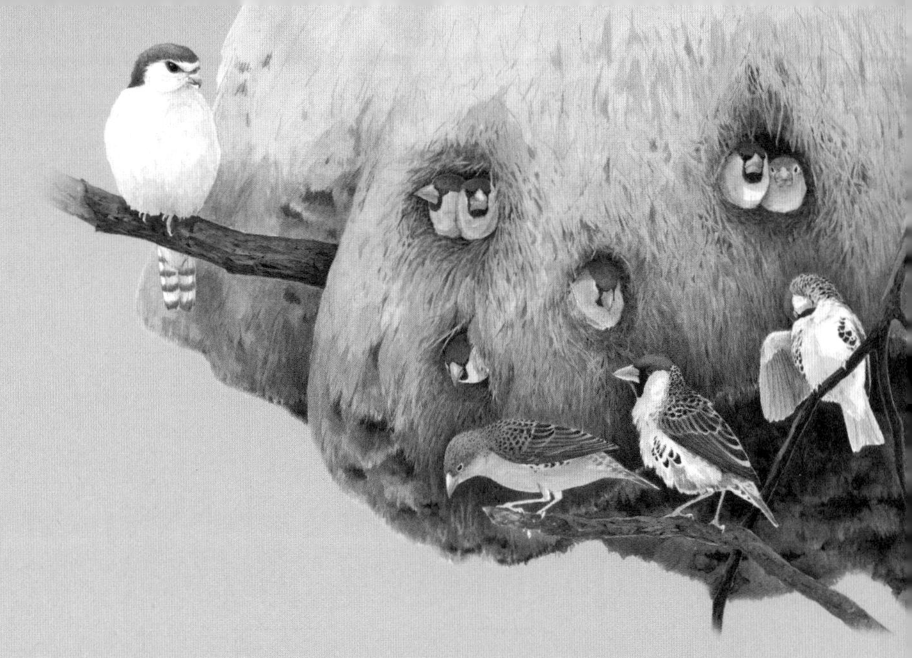

第三章

有意思的巢屋

漂浮的水上摇篮

水雉科（水雉），鸊鷉科（小鸊鷉），秧鸡科（角骨顶、白骨顶、黑水鸡）

水鸟多在河边、海岸峭壁或沼泽湿地筑巢，巢通常距离觅食场所相当近，如果有捕食者靠近，也方便逃生。

水雉、小鸊鷉及一些小型的浮鸥属鸟类直接筑巢在水面上；角骨顶、白骨顶则将腐烂的水草、沉木，由水底堆积起来作为基座，在上面筑巢；在水产养殖场的水面上，有时可见黑水鸡衔来几根软软的水草，铺陈出一个巢。巢四周被水围绕，远离陆地，看起来安全得多，至少能完全阻隔陆地上的捕食者。

水雉都有一身凌波功夫，这是因为它们拥有一双长而奇特的脚，适合在莲叶或浮水植物上行走，行动轻巧灵活，也善于游泳和潜水。由于水雉吃、住都在水上，当然筑巢也在水面上！水雉奉行一妻多夫制，生殖季节中，雄鸟们各居一方，雌鸟则自由地到处巡逻领域内的雄鸟，并一一“临幸”，然后在每只雄鸟的巢内下蛋。水雉的浮水巢非常简陋，有时候甚至会淹没到水面下，还好它们的蛋是防水的，即使浸泡几次水也无碍孵化。

小鸊鷉又被叫作“王八鸭子”，因为它们不但深谙水性，而且比鸭子更机灵：一受惊吓立即潜入水中，历时数分钟；浮出时，有时只露出眼和嘴，让人遍寻不着。和水雉比起来，小鸊鷉更是彻底生活在

水雉与巢

领域性极强的“凌波仙子”水雉，纵使身段优美，遇上入侵者时也会展现出好战的个性，但通常是点到为止，还不至于将对方杀死。水雉家庭都是单亲爸爸加上几个孩子，所以当你看到一只正在孵蛋或是带孩子的水雉，那一定是雄水雉哦！

小䴙䴘与巢

捡拾水草筑成的水面巢仿佛是个天然的摇篮。小䴙䴘可以说是最宠自己孩子的鸟类：精心为刚产下的蛋准备舒适的巢窝，在小宝宝孵化后，亲鸟就带着它们在水中嬉戏，玩累了，小宝宝还可以爬上父母的背脊休息，将父母当成船。因为小宝宝喜欢吃鱼虾，为了让它们更容易消化，小䴙䴘父母偶有给小宝宝喂食羽毛的行为，对后代极尽呵护。

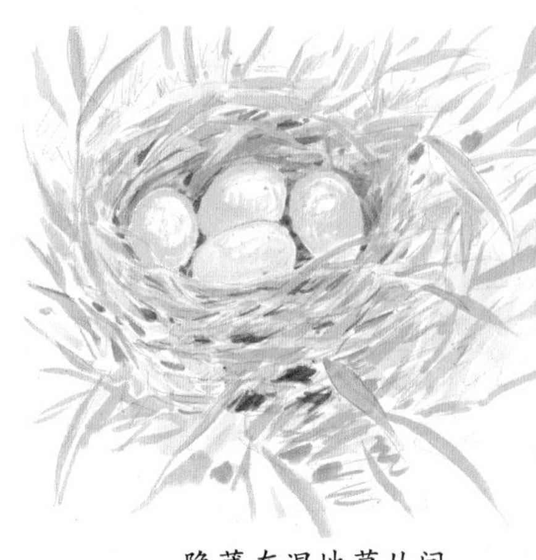
隐藏在湿地草丛间的黑水鸡巢蛋。

水中的鸟，它们是脚趾有着瓣蹼的游泳健将，但因脚位于身体侧后方，行走起来不甚方便，所以出入巢时，也采用类似游泳的方式。既然傍水为生，巢材就以芦苇茎、蒲草等水生植物为主，在水面筑一座平台式的浮巢，随着水的涨落而起伏，犹如一叶扁舟。

角骨顶也许是世界上最大型的秧鸡，栖息在南美洲安第斯山脉的高山湖泊，生活习性和它的亲戚白骨顶一样，傍水而生，筑巢特性也是将巢筑在由水底堆积起来的基座上。它们位于水中央的巢，看起来像个浮巢，其实巢下另有机关。

由于体重较大，水草堆积而成的基座往往无法负荷，因此在筑巢之前，角骨顶必须不断捡拾石头，置于水中，堆积出一个金字塔形的石造基座，然后再在基座上以水生植物筑一个平台巢。由于年年重复使用，巢材也越积越多，这个体积庞大的平台巢，一点也无法掩藏。

角骨顶与浮巢

身长约60厘米的角骨顶，因前额长有黑色肉垂而有此名称。它们也许是世界上体形最大的秧鸡，族群小，生活在南美洲海拔3 000～4 000米的高山湖泊。

我家就是你家

织雀科（群织雀），隼科（非洲侏隼），啄木鸟科（吉拉啄木鸟），
鸱鸮科（娇鸺鹠），鹨鹉科（灰胸鹦哥），绣眼鸟科（褐头凤鹛），
杜鹃科（沟嘴犀鹃），鸦科（台湾蓝鹊）

鸟会筑巢不稀奇，但由一群鸟共同建筑“公寓大楼”就少见了，而生活在非洲南部卡拉哈里沙漠的群织雀，筑的就是这种群聚巢（或聚集巢）。虽然它们也属于织雀家族，但筑巢技术却不同，不像其他织雀科鸟类的撕、扯、拉、穿、结，群织雀只是将巢材“插”在一起，积少成多后，往往就像一把挂在树上的巨伞，工程之浩大，让人叹为观止。

这座“公寓大楼”由所有“住户”共同维持，包含了30～100个巢室，可供约400只鸟居住，内部结构就像蜂窝。站在树下往上看，可以看见许多通往巢室的入口。它们共同居住，合作生殖，相亲相爱的程度堪称鸟中异类，哥哥姐姐不仅会帮忙喂养弟弟妹妹，甚至还会照顾邻居的小孩！小孩长大后，也不会被赶出家门，顶多搬到新盖的巢室去居住。

这种群聚巢，远看会以为只是一团杂乱的稻草堆。不过，有的群聚巢已历经一个世纪之久，其重量甚至会压断支撑的树干。这个看似杂乱的庞大草堆，构造其实自有它的规则。群织雀用较大的细枝盖屋顶，用干草叶来做隔间；具有尖端部位的草茎则布

群织雀与巢

一代、二代、三代……在一个群织雀的群聚巢内，可能有好几代都是这么住在一起，一起吃住，一起警戒，一起找寻食物，一起分享，里面每一只鸟都热心地修补群聚巢，真是团结力量大！难怪它们的巢可以经历自然严酷的考验而越发壮大。这个大型的“公寓”，也成为其他鸟儿“下榻”休息的歇脚处，其中勇猛的非洲侏隼还会充当临时“警卫”，真是好房客。

置在入口通道，以防蛇类等捕食者入侵；巢室是生儿育女和睡觉的地方，一般衬以柔软的叶子、棉絮、兽毛或羽毛。

在气候严酷的沙漠里，群聚巢不但防雨，且白天通风凉爽，夜晚还能防寒保温。这样一个舒适的所在，常常吸引其他鸟类进来休息、过夜或生殖，如斑拟啄木鸟、粉脸牡丹鹦鹉、非洲侏隼，甚至大型鸟类，如鹳有时也会"下榻"巢顶歇息。因此，群聚巢有时就像一座荒漠旅店，鸟来鸟往，热闹异常。

不同种鸟类也会共享一个巢，其中最令人讶异的应该是吉拉啄木鸟和娇鸺鹠的关系了。美国得克萨斯州至墨西哥一带的沙漠地区，由于缺乏天然树洞，巢穴对洞巢鸟而言弥足珍贵。然而，娇鸺鹠不会凿洞，只好住到吉拉啄木鸟的洞巢中。可是，为何吉拉啄木鸟愿意容忍娇鸺鹠呢？原来，它们之间默默进行着一场利益交换。

娇鸺鹠会活捉一种盲蛇放进洞巢，而洞巢底层潜藏的许多鸟类寄生虫及小昆虫正是盲蛇的食物。如此，盲蛇不但住进了温暖的洞巢，同时拥有不找自来的佳肴。白天，吉拉啄木鸟出外觅食，娇鸺鹠留在巢内睡觉顾家，夜晚则换成啄木鸟顾家，娇鸺鹠出外觅食。啄木鸟提供出租洞巢给娇鸺鹠，娇鸺鹠则以盲蛇为租金，为住宅减少寄生虫的侵扰，这是非常奇妙的互利共生。

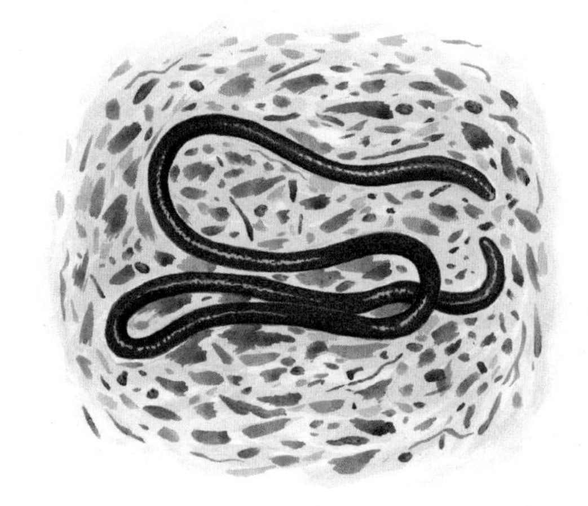
盲蛇

吉拉啄木鸟与娇鸺鹠

灰胸鹦哥也以筑群聚巢著称。它们原本生活在南美洲，由于适应环境的能力强，喜欢群体活动，容易驯服饲养，因而出现一些逃逸个体。逃逸者在美国和西班牙建立起野生族群，且扩散速度快，很可能与当地原生鸟类竞争食物而造成危害。如今就连建筑物、高压电塔，也常因灰胸鹦哥在上面筑巢而发生事故。

灰胸鹦哥是“一夫一妻制”，但会群体合力构筑一个大巢，筑巢的高峰期在生殖季之前，但平常也会做些修补。群聚巢包含几个巢室，每个巢室都住着一对鹦鹉，巢室除了供生殖外，也是夜晚睡觉的场所。

大部分的鹦鹉都是洞巢鸟，自然环境中，树洞的多寡和分布情况常是影响鹦鹉族群数量消长的因素之一。但灰胸鹦哥衔枝筑巢，是鹦鹉中的异类，也因此不受树洞多寡的影响，唯一可以控制它们种群数量的，是其“恶邻”——斑翅花隼。

灰胸鹦哥的群聚巢很容易招鸟惦记，招来的往往就是斑翅花隼。由于大群的灰胸鹦哥有足够的抵抗力，斑翅花隼通常会选择小群的群聚巢寄居，并将灰胸鹦哥列在菜单中。多数时候，灰胸鹦哥尽管怒不可遏，却又无可奈何。反观群织雀与非洲侏隼的关系，就温馨多了，因为非洲侏隼很少捕食群织雀，有时还充当“警卫”，算是好邻居。

另一种比群聚巢更能彰显合作精神的是公共巢，也就是同种多对鸟共享一个巢。这种鸟巢大多为合作生殖的鸟类所筑，例如褐头凤鹛、沟嘴犀鹃、圭拉鹃，以及第二章提到的筑泥巢的灰短嘴澳鸦。

繁殖季节，褐头凤鹛会集结成群，成员有数对成鸟，虽然个体间有等级之分，但每个成员的生殖机会很平均，大家共同筑巢，在同一个巢内产卵，雏鸟除了亲生父母外，还有几位“义父”“义母”，这种方式在鸟类中非常罕见。

生活在美洲热带的沟嘴犀鹃也进行合作生殖，雌鸟们在同一个巢内产蛋，最多可达30颗，挤得不得了。由于巢内空间有限，为了保障自己的蛋顺利孵出，雌鸟之间钩心斗角的情形很严重，常将其他鸟的蛋偷偷踢出巢外，或通过推挤埋入巢的最下面或最边上，将自己生的蛋安排在中央，争夺最容易得到照顾的位置。

沟嘴犀鹃

团体生活中总是难免发生冲突，即使是合作生殖的沟嘴犀鹃，雌鸟之间也会因为钩心斗角而发展出“踢蛋”行为，这确实引人好奇。

灰胸鹦哥与巢

由于适应能力强，灰胸鹦哥可以在许多地方筑群聚巢，在森林、农地、草原、沙漠，甚至都市，都可以发现它们的巢窝。灰胸鹦哥的群聚巢往往越盖越大，不过和群织雀不同的是，如果食物资源越来越少，部分灰胸鹦哥就会播迁出去，另觅他方，重起炉灶。

台湾蓝鹊育雏

在中国台湾地区，进行合作生殖的鸟类有台湾蓝鹊和褐头凤鹛，不一样的是，台湾蓝鹊的合作生殖是“巢边帮手制”，也就是说，上一窝的哥哥姐姐会留下来帮助父母养育下一窝的弟弟妹妹。我们时常看见一群蓝鹊在山林间嬉戏，那很可能就是同一个家族。近几年，或许是由于环保观念的普及，我家旁边的树林内，常年有一群蓝鹊活动，它们的巢则远在树林的另一边，由一根根大大小小的树枝构成。

褐头凤鹛

在中国台湾地区，褐头凤鹛是唯一一种多对“夫妻”（通常2～4对）共同参与筑巢生殖的鸟类。它们一起筑一个小小的杯形巢，将所有蛋下在一起，并且共同孵育。子代长大之后便搬出去，不会像台湾蓝鹊一样留下来帮助父母养育下一窝。

大家一起来筑巢

拟鹂科（黄头黑鹂），信天翁科

单只鸟类要找到符合筑巢条件的地点已属不易，而对于习惯集结成群，一起活动、生殖的鸟类来说就更难了。因此，在僧多粥少的情况下，若有好的营巢地点，附近又具备充足的食物，势必会吸引群鸟前来“群聚筑巢”。

群织雀、灰胸鹦哥的群聚巢全年皆可使用，群聚筑巢鸟类的巢则不同，通常只用一个生殖季。鸟

长嘴沼泽鹪鹩

黄头黑鹂与长嘴沼泽鹪鹩都在沼泽区的芦苇丛内筑巢生殖。

黄头黑鹂

类中，约有13%采用群聚筑巢，例如多数海鸟、红鹳、鹭、蜂虎和某些燕子。

群聚筑巢的目的之一是共同防御，例如黄头黑鹂，它们在加拿大曼尼托巴省的沼泽地区筑巢，却受到长嘴沼泽鷦鹩的攻击，长嘴沼泽鷦鹩会破坏它们的巢，甚至还会杀死雏鸟，黄头黑鹂因此不得不聚集起来筑巢，仗着“鸟多势众”，团结御敌。

若将一座小岛上所有群聚筑巢鸟类的巢区视为一个大鸟巢，那么，对于一次只能养育1～2只雏鸟的海鸟来说，群聚筑巢和合作生殖、筑公共巢有着异曲同工之妙，都是依靠群体力量来延续族群的命脉。

群聚筑巢的优点与缺点

【优点】

1.鸟类置身群体较安全，不易被捕食者捕食。

2.较容易侦测到捕食者。

3.有较大的生殖成功率，因为在同时间内产生大量的蛋或雏鸟，已经超出捕食者一日所需的食物量，如此虽然会牺牲少数的蛋或雏鸟，却保障了大多数蛋和雏鸟的安全。因此，同步生殖可以说是群聚筑巢鸟类重要的生殖策略。

4.外出觅食时，邻居发挥了警戒捕食者的作用，比单独筑巢安全。

5.群体生活更容易找到食物资源。

【缺点】

1.容易引起捕食者的注意。

2.巢位有限，竞争激烈。

3.巢与巢紧邻，彼此频繁窃取巢材。

4.相互竞争配偶，若有个体无法配对，可能会去干扰其他邻居，对已配对的鸟儿造成严重的生理干扰，例如导致下蛋延迟。

5. 寄生虫或病菌传播迅速。

信天翁的群聚巢

信天翁是最大型的海洋性鸟类，寿命可达40～60岁，它们实行“一夫一妻制”，可谓鹣鲽情深，除非另一半死去，否则不轻言分离。信天翁拥有极佳的飞行能力，在陆地上却非常笨拙，一年之中，只有在筑巢生殖的阶段才会在陆地上停留较久的时间。

自己打造孵蛋器

冢雉科（眼斑冢雉）

早先，欧洲移民及航海探险者发现冢雉的土冢后，都以为是原始居民孩子游戏时堆出来的堡垒，或者是原始居民的坟、贝丘等。直到1840年，冢雉独一无二的生殖方式才被英国博物学家约翰·吉尔伯特揭开，这位实事求是的博物学家，扒开一堆堆冢雉巢后惊呼，原来里面埋的全是鸟蛋！

冢雉和鸡有共同的祖先，它们都在地面营巢，唯一不同的是，冢雉不照顾蛋和雏鸟，它们将蛋交给大自然处理。

【注：冢雉是特别的鸡形目鸟类，约有21种，属于冢雉科，主要分布在新几内亚岛、所罗门群岛、瓦努阿图、汤加等太平洋西南部岛屿以及澳大利亚，除了眼斑冢雉生活在半干燥的桉树林以外，其他多数栖息在海岸边的热带潮湿森林。】

在西方进行全球远洋探索之前，冢雉是当地原始居民的重要生计来源，尤其是生活在火山附近的冢雉。原始居民取冢雉蛋食用，或者拿到市集贩卖，有的原始居民家族更拥有特定的冢雉下蛋场，连续几代经营管理，他们不射杀冢雉，目的只是搜集鸟蛋，维持生活。

体形和火鸡相仿的冢雉，所生的蛋却大得多，一般鸟蛋中蛋黄的比重最大能到50%，冢雉蛋则有60%～70%。冢雉属于超早熟鸟类，小冢雉一孵出，全身羽毛便已长齐，除了能自行觅食、

眼斑冢雉筑巢

说它是“挖掘鸡”也不为过，因为冢雉有着一双粗犷、强健的脚爪，筑冢巢对其而言轻而易举。冢雉对于温度极其敏感，头颈部裸露的皮肤可测出冢巢内的温度是否适宜，且不时通过双脚扒开冢巢、回填、再扒开、再回填来控制温度，直到将小冢雉孵出。为什么要如此繁复呢？因为它们的蛋必须通过自然环境提供的热量来孵化，不在旁边时时监测可不行。

调节体温外，甚至为了逃离捕食者的追捕，已经可以短距离飞行。它们注定生下来就不会有父母的照顾，必须自力谋生。

冢雉行“一夫多妻制”，其中雄性虽然不用照顾下一代，但是除了在孵蛋问题上煞费苦心，在冢巢的营造及维护上，往往也会较雌冢雉花费更多的力气。

雄冢雉以脚爪在地面挖掘，挖出大坑后，便在坑内堆积枯枝落叶，直到高出地面1～2米，甚至达3米。堆积好的冢巢经过雨水以及阳光的洗礼，内部便开始腐烂、发酵，当发酵温度接近32.7℃时，雄鸟便在冢巢顶处挖出一个巢室，让雌鸟生蛋；每隔1～2天，雌鸟便生一颗蛋，一个冢巢可容纳约35颗蛋，待雌鸟生完蛋，雄鸟便将巢室以沙土掩埋。

由于腐殖质持续发酵，冢巢温度也随之升高。此时，雄冢雉的角色便由冢巢工程师转换为温度监控员。雄冢雉头颈部的裸露皮肤能感知温度，温度太高，它会扒开沙土，散发热量；若温度渐低，便把沙土堆回。这样来回地扒开、回填，便能使冢巢内始终维持适当的温度。

而生殖栖息地靠近火山地区的雄眼斑冢雉，虽然也挖地洞、盖冢巢，但却能利用火山地热及日照的热量来孵蛋。根据记录，雄眼斑冢雉平均4个月建造一个冢巢，孵蛋期则长达50～90天，整个生殖季约可生产2～3窝蛋；也就是说，雄眼斑冢雉一年中有7～8个月在维持冢巢温度，让蛋孵化，真是辛苦啊！

芳疗师与逐臭夫

山雀科（青山雀），椋鸟科（紫翅椋鸟），
戴胜科（戴胜），梅花雀科（梅花雀）

雀形目和鹦鹉目鸟类嗅觉虽然较弱，但都有好嗓音，雀形目（例如云雀、鸫鹟）善鸣，尤其是会在求偶季节唱出婉转啼曲的雄鸟，是春天不可或缺的歌手，而鹦鹉目鸟类的声音学习能力更是鸟类中的翘楚。

不过在一些实验中，即使是嗅觉较弱的雀形目和鹦鹉目鸟类，也能依据气味找到食物，例如经过训练的青山雀，可以分辨出有薰衣草气味的喂食器；噪鹦鹉也能够通过气味分辨出掺有蜂蜜水的喂食器。

鹬鸵

鹬鸵的视力和飞行能力均已退化，但仍靠着优异的嗅觉存活了下来，它在森林地面觅食，在地面的浅凹处下蛋。

然而自然环境中，能利用嗅觉寻找食物的多半是非雀形目和鹦鹉目的鸟类，著名的有鹬鸵、兀鹫和海鸟；另外也有研究发现，离巢较远的鸽子可以靠着嗅觉来定位，寻回住地。但是，最引人入胜也最奇妙的是，有些鸟类会专门寻找散发强烈气味的芳香植物来筑巢。

青山雀是洞巢鸟，从生蛋到幼鸟离巢，亲鸟会持续添加新鲜的薰衣草、薄荷、鼠尾草、蓍草等芳香植物到洞巢，这些被应用为巢材的芳香植物含有抗菌成分，能帮助雏鸟抵抗有害细菌。青山雀的生活环境中至少生长有200种植物，但被用来筑巢的只有10种，而且全都是芳香植物，即使研究人员将洞巢中的芳香植物移走，它们仍会不断添加。有的青山雀甚至只喜欢某一种植物，会凭着嗅觉来进行补充。

青山雀常用的芳香植物——鼠尾草。

青山雀的洞巢

并不是说这些会搜集芳香植物来筑巢的鸟类，就非得要芳香植物不可，从许多观察记录来看，在这些鸟类中的“芳疗师”周遭的环境中，原本就生长着许多芳香植物。青山雀也许是第一个发现芳香植物好处的鸟类，它们还有对部分芳香植物的偏好呢！

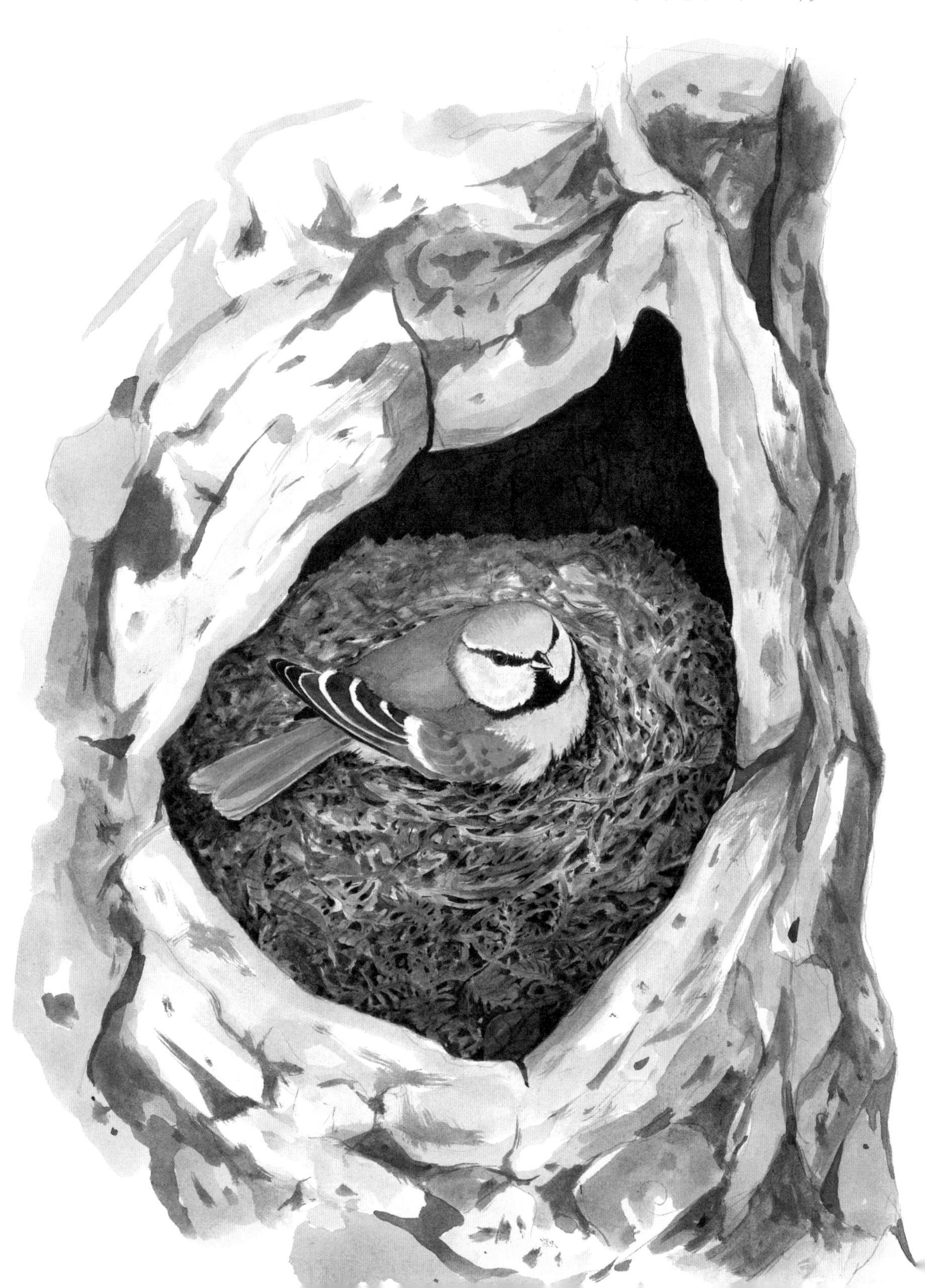

紫翅椋鸟

除了青山雀之外，紫翅椋鸟是另一种被观察到较常利用芳香植物来筑巢的鸟类。

紫翅椋鸟是另一类洞巢鸟，筑巢时也会添加芳香植物。不过，它和青山雀不一样，巢材仅由雄椋鸟携回。根据观察，堆放越多芳香植物的洞巢，越能获得雌鸟的青睐，因此，也可以说椋鸟在利用芳香植物求偶。

人类利用芳香植物的历史已有几千年，主要是用于气氛的营造（薰香）、食材、驱虫或医疗，但鸟类为何也偏好芳香植物呢？科学家提出了三个观点：

1.芳香植物可以杀死或抵御巢内的寄生虫。

2.芳香植物挥发产生的物质可以刺激并增强雏鸟的免疫功能。

3.雄鸟搜集越多的芳香植物，越能获得雌鸟芳心，进而增加交配机会。

鸟在巢内添加绿色植物或芳香植物，有不同的目的。会重复使用旧巢的猛禽或鹳，虽然筑开放巢，有时也会找来绿色植物放置在巢内，不过这可能是为了遮阴、增加湿度、伪装或装饰，而洞巢鸟比开放巢的鸟类更喜欢添加新鲜的绿色植物。至于偏好芳香植物的鸟类，也许是因为它们的祖先是在一次偶然的机会中，发现了芳香植物的妙处吧！

和人类一样，鸟中也有“逐臭之夫”。戴胜在我国有“臭姑姑”之称，它们在树洞、岩缝或人类房屋的屋顶缝隙筑巢，巢穴污秽脏臭。生殖期间，戴胜从不在意巢内卫生，巢洞内往往堆积有大量的雏鸟排遗，加上雌鸟尾脂腺的分泌物，随时弥漫着一股发霉似的气味。然而，对戴胜来说，“臭味巢”或许对于防御捕食者具有一定效用吧！我曾在一座邻海的老房子检视一个戴胜巢穴，虽然雏鸟已经离巢，但掀开片片屋瓦前，因为久闻其“臭名”，心中不免七上八下，而那次的经验果然印证了“臭姑姑”名

戴胜

临海废弃民宅的屋顶缝隙间偶有戴胜筑巢，而图中这只正叼回食物准备喂雏。戴胜、麝鸭及白额鹱所到之处散发着强烈气味，具有保护巢窝、吸引伴侣、标示的作用，这种气味来自尾脂腺分泌物。尾脂腺又称尾腺或羽脂腺，是鸟类尾基部背面的一种皮肤衍生物，它能分泌脂肪性物质，鸟类在理羽时，用喙将此分泌物涂抹在羽毛上，有助于防水。

鹱形目鸟类

鹱形目鸟类是在上喙鼻端有一处短短小小的管状构造的海鸟，例如海燕、信天翁。

不虚传。

梅花雀是非洲草原上的娇小鸟类，体形和暗绿绣眼鸟不相上下，也是“逐臭之夫”。为了避免巢窝被掠劫，从筑巢到幼鸟离巢，它不断搜集肉食动物的排遗放进巢内或涂抹在巢的四周。据实验观察，有肉食动物排遗的巢窝，被入侵的次数的确减少了。梅花雀为了顺利抚养下一代，忍一时之臭也是值得的。

鸟中的“好鼻师”，除了以腐肉为生的兀鹫外，许多海鸟也不遑多让，尤其是信天翁、暴雪鹱、白额鹱等鹱形目鸟类，它们在嘴喙上均有明显的短管鼻构造，嗅觉强，所以又称管鼻鸟。它们完全以海为家，一生难得上陆地歇息，回到陆地只为筑巢生殖。此外，许多以地洞为巢穴的白额鹱，之所以能在完全黑暗的夜里回到自己的洞巢，依靠的也是嗅觉。

鸟类嗅觉专家的发现

拉里·克拉克博士是美国专研鸟类嗅觉的专家，他通过实验检验紫翅椋鸟洞巢内的芳香植物对吸血寄生虫的影响，结果发现只要将芳香植物移走，吸血寄生虫的种群数量便会急剧上升。他也曾调查北美137种燕雀科鸟类的筑巢习性，发现近半数的次级洞巢鸟都会再利用洞巢，也会在洞巢内添加新鲜的绿色植物；筑开放巢的鸟类则多无此习性，也不会使用旧巢。重复使用的洞巢容易滋生寄生虫，为了确保雏鸟健康，才会添加新鲜绿色植物。

多功能样板间

鹪鹩科（鹪鹩），
鳞胸鹪鹛科（小鳞胸鹪鹛）

鸟类筑巢很辛苦吗？筑一个巢得耗费多少能量？筑大型的鸟巢比小型的鸟巢更累吗？鸟类花多少精力在筑巢上？这些细节向来较少被探究。相较于生蛋、孵蛋、育雏，筑巢所耗费的能量其实无足轻重。一般来说，喂养雏鸟所消耗的能量，往往是筑巢的千百倍呢！

【注：美国学者菲利普·C. 威瑟斯曾经估算，紫崖燕7天筑一个巢，需消耗能量约122千焦（比一个牛肉汉堡的热量还低），这与觅食喂养雏鸟所消耗的能量根本无法相比！】

鸟巢看似复杂，但以放大镜或显微镜观察，巢材其实只以简单的方式互相搭结。虽说如此，一般鸟儿也不会没事就筑个巢，筑巢多半有目的，如生蛋、睡觉或求偶。

筑巢能力也是择偶的条件之一。尤其对某些雌雄鸟外形相似的鸟类来说，雄鸟的行为特征通常会影响雌鸟的配对意愿，例如雌鸟会以雄鸟所筑巢的大小、数量等，来判断雄鸟够不够强壮，或是雄鸟的领域质量够不够好。这种现象在温带的鸟类中特别明显，鹪鹩就是很好的例子。

鹪鹩科鸟类在全世界约有80种。家族中的一些成员，如鹪鹪、莺鹪鹩、长嘴沼泽鹪鹩等，一到生殖季节，雄鸟便会在领域内建筑6～12个巢窝，就像在自己的建筑工地里盖出一幢幢美丽的样板间，巢越多越容易博取雌鸟欢心。雌鸟可以在各个雄鸟的领域内光临每个样板间，若喜欢某个巢，便与该巢的雄鸟配对，之后，雌鸟开始添置家具（巢内衬）。唯有被雌鸟青睐的样板间，才算成了真正的巢，雌雄鸟会在此巢共同养育下一代。

小鳞胸鹪鹛

小鳞胸鹪鹛的样子及生活环境虽然类似鹪鹩，但并不属于鹪鹩科，它属于鳞胸鹪鹛科，两者在外形上容易让人混淆。

鹪鹩堪称原野歌王，体形娇小却精力充沛，生殖季节不但能唱出嘹亮歌声，还能快速建筑许多鸟巢，一点也不费力气。巢筑好了，仍精力旺盛，时而纠缠其他鸟类，把别人的蛋啄破或杀死雏鸟，即使同类间也互相残杀。如果光看样貌，或者听其美妙歌声，很难想象它们竟如此残暴。

虽然爱捣毁别人的蛋，鹪鹩也得防着被别人“捣蛋”，那些没能使用的空样板间还有额外作用——唱空城计以欺敌，能让捕食者或其他杀气腾腾的鹪鹩扑个空。

鹪鹩与巢雏

要说体形小志气却不小的鸟类，我想非鹪鹩莫属了。它们的鸣唱实在嘹亮，生殖时期的个性也十分强悍，是一种外表不起眼，但令人印象深刻的鸟类。

长着羽毛的毕加索

园丁鸟科（冠园丁鸟、黄头辉亭鸟、缎蓝园丁鸟）

18世纪前，马来群岛中的新几内亚、爪哇、苏拉威西、加里曼丹等岛屿都还相对闭塞，除了航海商人到达的港口外，森林深处仍蒙着一层神秘面纱。这里的物种丰富，鸟类品种数占了全世界的17%，直到近几年仍有新的鸟种被发现。在当地的鸟类中，极乐鸟和园丁鸟最具代表性，得天独厚的环境让它们在演化的舞台上演绎出了令人赞叹的生命之舞，它们的求偶方式尤其独特。

园丁鸟是鸟类中最不可思议的建筑师，雄园丁鸟建造的建筑杰作——亭巢，是为了展现它的才华，单纯用于吸引雌鸟来交配，而并不用来养儿育女。雄园丁鸟极具自我陶醉特质，同时又被誉为鸟类中的卓越艺术家。然而，关于筑巢、孵蛋、育雏等工作，仍由雌鸟全权承担。

美国学者贾雷德·戴蒙德教授曾在1972年前往印度尼西亚研究园丁鸟，他形容园丁鸟是“长着羽毛的毕加索”，可见，园丁鸟创造出来的亭巢该是何等让人惊叹！

冠园丁鸟与亭巢

外形朴素的冠园丁鸟往往会建筑出夸张华丽的求偶展示场——亭巢。亭巢在幽静的森林地表显得十分鲜明，如果我是一只雌鸟，也一定会好奇驻足吧！

散置在森林地面的亭巢，曾让早期的西方殖民者误以为是当地原始居民的居住装饰，可从未想到竟然出自鸟类的手笔。即便真相被揭露之后，园丁鸟依旧神秘。面对它们美轮美奂的亭巢，连向来严谨的科学家都不禁做出雄园丁鸟“具有美感”“懂得休闲消遣”等非科学角度的判断和描述。直到澳大利亚鸟类学家马歇尔花了20年进行研究后，才在他出版的《园丁鸟——其展示行为及生殖周期》一书中指出，受到激素影响的雄园丁鸟其实和其他雄性鸟类没什么不同，亭巢的建筑只是它本能的展现，与“审美观”没有任何关系。

不同的园丁鸟类会筑不一样的亭巢，羽色亮丽鲜明的园丁鸟类通常会筑较简单的亭巢；反之，复杂的亭巢则多半是羽色朴素的园丁鸟类所筑。

园丁鸟的亭巢大约可以分为“通道风格”和“花柱风格”两种。“通道风格”的亭巢有一条长长的通道，主要由小树枝、小石头以及苔藓构成，通道两侧由树枝、草茎等布置成两道门柱，在通道的一端，聚集了许多搜集来的鲜艳花朵、浆果、甲虫壳、

黄头辉亭鸟的亭巢

外表亮丽的黄头辉亭鸟，亭巢的建筑技巧就比外形朴素的园丁鸟逊色多了，几根树枝一搭便完结了事。不过它们还有其他吸引雌鸟的本事，例如大声鸣唱、舒张羽毛、兴奋地在走道来回跳求偶舞蹈，还会不时献上一颗珍果，这在雌鸟看来一定非常加分吧！

骨头、羽毛、蘑菇或人类的物品，如纽扣、汤匙、铜板等，这是雄鸟展示求偶舞蹈的舞池，而舞池的方向也极其讲究，例如缎蓝园丁鸟，就喜欢朝向西北的舞池。

“花柱风格”的亭巢通常有一根或数根长条状直立木柱，木柱上有的粘着许多小树枝，以木柱为中心，在周围环绕装饰有各色蜗牛壳、果壳、新鲜的花朵、小枝条等物，木柱底下铺有苔藓地毯，雄园丁鸟便在这里吸引雌鸟。

园丁鸟亭巢的功能其实和雄孔雀美丽的羽毛一样：雌园丁鸟会根据雄鸟所筑亭巢的外观来决定是否和它交配。亭巢越是夸张华丽，代表雄鸟能力越好，就越能吸引雌鸟与它配对！

在寂静幽远的雨林里，雄鸟之间竞争激烈，如果不搬出十八般武艺，就不能虏获芳心。因此，即使夸张华丽的亭巢容易引来虎视眈眈的捕食者，雄鸟也义无反顾。雌鸟交配完毕，就寻找地方，独自筑个浅浅的杯形巢，孵蛋、育雏一手包办。

美国马里兰大学杰拉尔德·博尔贾教授的研究小组还发现，缎蓝园丁鸟的雌鸟在选择丈夫的标准上也有老少之分：年轻的雌鸟也许经验不足，易被雄鸟的华丽建筑诱惑，注重的是亭巢的装饰；而年长的雌鸟也许看多了碧瓦朱甍，反而比较在意雄鸟的求爱舞蹈。如此看来，雄园丁鸟真是辛苦啊！

人工巢箱的利与弊

鸫科（东蓝鸲）

最初可能是因为人们不想把鸟养在笼子里，鸟类食饵台、人工巢箱等吸引鸟类的设计应运而生。据说人工巢箱是由德国鸟类学家贝尔普施发明并倡导使用的，这些人为设计不只拉近了人鸟距离，对于鸟类保育也颇有贡献，因人工巢箱而“起死回生”的东蓝鸲种群，就是举世皆知的例子。

18世纪初，椋鸟和家麻雀由欧洲传入北美，它们非常适应新环境，且繁殖迅速，很快就对当地的鸣禽造成了威胁，受它们影响较大的就是东蓝鸲。在北美，东蓝鸲曾经和旅鸫一样普遍，然而，遇到同样利用天然树洞筑巢的椋鸟后，洞巢资源立即被抢走了。凶悍的椋鸟种群日益增多，霸占了洞巢不说，有时还将已下蛋或有了雏鸟的东蓝鸲赶走，并杀死它们的雏鸟。

人工巢箱防止捕食者的装置

人工巢箱不见得比较安全，有时因为目标更明显，反而容易受到捕食者的觊觎。如果要设置人工巢箱，可以在巢箱下方的枝干装上金属围圈，防止老鼠或蛇接近。

到了19世纪初，东蓝鸲种群数量已减少了近90%，生存状况岌岌可危。幸好，劳伦斯·泽莱尼博士于1978年创办了北美蓝鸲学会，致力于东蓝鸲种群的恢复，而他所使用的秘密武器就是人工巢箱。

什么鸟类喜欢人工巢箱？前面提过，洞巢鸟都可能是人工巢箱的青睐者，像是森林里的山雀、猫头鹰、啄木鸟、鹦鹉，或某些以树洞为巢的鸭科鸟类，如鸳鸯、林鸳鸯、秋沙鸭。但同一种形式的巢箱不一定适合所有的洞巢鸟，巢箱的设计，以及放置的环境、位置或时间，也会影响鸟类的使用效果。因此，必须针对鸟种量身设计。例如东蓝鸲的巢箱，除了尺寸必须符合它使用要求外，为了防止椋鸟的竞争，入口还不能太大，最好为椭圆形，因为要是入口太大、太圆，椋鸟便容易进入；而为了防止家麻雀占用，箱外不能有栖枝，因为家麻雀较难直接从空中停栖在洞口；当然，放置的场所也不能靠近人类的居住环境。

虽然人工巢箱和天然洞巢仍有很多差异，也可能改变鸟类的行为，但对于栖息环境遭破坏、洞巢资源不足的鸟类来说，仍不失为一种补救方法。在森林中看着鸟儿进出人工巢箱，为了生养

东蓝鸲与人工巢箱

东亚人视鸳鸯为爱情专一的象征，而东蓝鸲则被欧洲人视为爱情专一的象征。不过，别看东蓝鸲行“一夫一妻制”，“夫妻”合力抚育下一代，实际上，研究人员在人工巢箱的观察实验中发现，平均每对东蓝鸲所抚养的后代中，竟有15%～20%不是雄鸟的亲生子代。

大计而忙碌，很少有人不被感动。但人工巢箱的使用也有可能意外地增加某一鸟种的种群数量，进而压迫另一鸟种，因此仍须审慎为之。

普通䴓与人工巢箱

普通䴓喜欢衔来泥土将巢洞口填小，这个习性和犀鸟颇为相似，只是它们不会自囚。即使搬到了人工巢箱，它们也依然保有这个习性。

第四章

发现鸟巢

发现的喜悦

在野外，如果发现了鸟巢，即便是粘在枝梢的空巢，也让人振奋。对于喜爱自然的人来说，鸟巢有一种魔力，里面装载了许多秘密，例如：这是什么鸟的巢？为什么筑在这里？雏鸟是否安全离巢了？去哪搜集来的巢材呢？

由于多年的赏鸟和野外探索经验，我很容易就能发现鸟巢。到了山林野外，眼睛和耳朵自然变得敏感起来，破解鸟类隐藏巢窝的谜题已经不是难事。多年前一个淫雨霏霏的清晨，我登山行至山上的工棚，才放下行李，就瞥见一截溜出墙隙的松萝，当下盘算，缝隙内必有蹊跷。我屏住呼吸躲在一旁，不到半晌，一只绿背山雀嘴上叼着一只蛾，四下环顾后，钻进了墙缝，果然是它在此处筑巢。隔着木板墙，耳边犹闻雏鸟如小鸡般的轻微索食声，顿时驱走一身疲惫。

另一回，我在一条干涸溪床上看到一只雄红尾水鸲飞过来又飞过去，一会儿停驻在岩石上高歌，一会儿在电线上摆动尾羽。我离开一段距离，它便飞走，我回来，它又继续方才的动作，于是，我知道它的巢就在附近。我绕到溪床的另一端，用望远镜远远观察，找到了巢窝，就筑在水泥挡土墙的排水孔内，巢内雌鸟更加小心，大都留守孵蛋。一位好奇的农民经过，问我在看什么，我无暇他想，兴奋地分享我的发现。几日后，满心期待能看

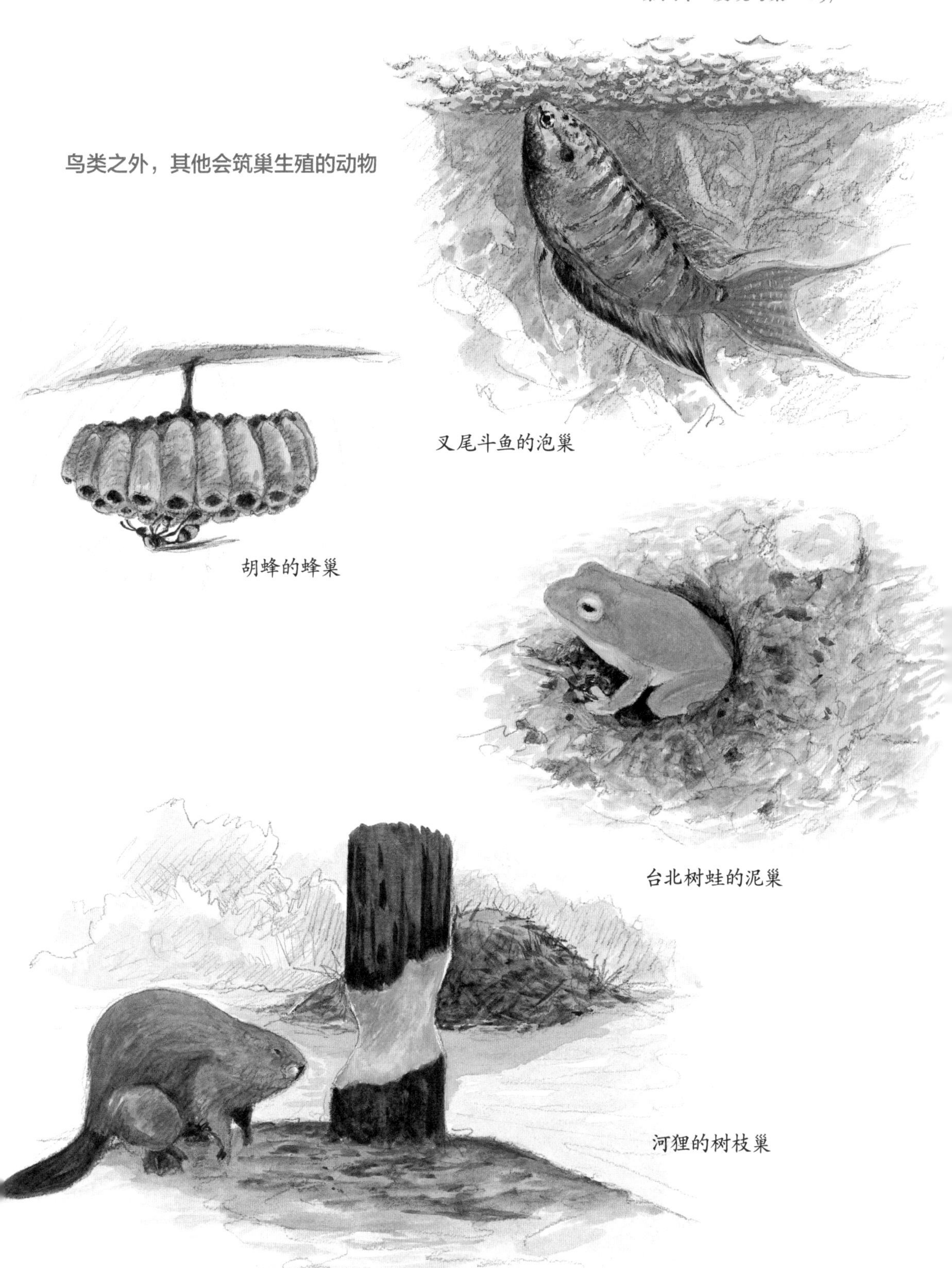

鸟类之外，其他会筑巢生殖的动物

叉尾斗鱼的泡巢

胡蜂的蜂巢

台北树蛙的泥巢

河狸的树枝巢

见育雏景象，没想到整个巢窝却已不见。我才惊觉并且懊悔，悔恨自己忘形于观察行为，却暴露出巢的所在，为这对红尾水鸲带来致命的危机。

对一般人来说，与鸟巢相遇，总属意外。春天的山林，百鸟争鸣，喧闹着生殖的喜悦，但为了躲避捕食者，鸟类总费尽心思隐秘筑巢。因此，野外忽然发现鸟巢，理所当然会为之惊喜，喜悦之余，好奇心便也随之而来。

不同的鸟种建筑不一样的鸟巢，如同它们的羽毛一样，各具特色。不过，由于巢材取自大自然，一般不容易辨别异同，况且，除了鸟类，赤腹松鼠、巢鼠等动物也会以植物筑巢，容易让人误以为是鸟巢。不过，别气馁，我有一些简单的分类及观察方法，可以帮助你认识鸟巢。

巢鼠的巢

巢鼠喜欢在禾本科植物丛中筑巢，它们的巢呈圆形，开口位于侧边，以植物的叶构成。若非对动物有经验的人，实在很难区分鸟巢和巢鼠巢。

松鼠的巢

除了住在树洞，有的松鼠还会在树梢筑一个椭圆形的枝叶巢，例如赤腹松鼠。

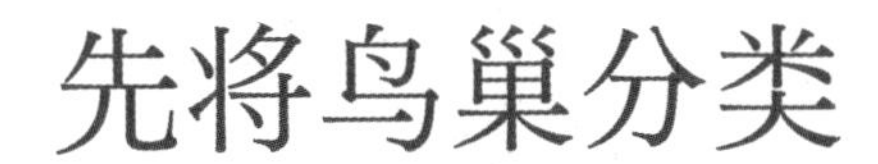

先将鸟巢分类

观察鸟巢，最好先找出让你印象最深刻的形态特征或行为特色。初步认识鸟巢，可以根据形状、大小、巢位或巢材分类，例如杯形巢、碗形巢、圆形巢、盘巢（平台巢）等，便是以形状来分类；苔藓巢、泥巢、树枝巢、树叶巢则是以巢材来分类。以下就“巢位”来分类鸟巢，叙述如下：

1.地面巢　包括筑在地表上、地面岩石浅凹缝或树木根部缝隙的巢。鸭、雉鸡、鹬，以及海洋性鸟类的地面巢结构简单，主要以植物、泥土或小石头筑成；台湾林鸲、河乌、八色鸫、小云雀等鸟类的地面巢结构较为讲究、精致，巢多为杯碗形或圆形，巢材也较多样。

2.水面巢　水雉、䴙䴘、秧鸡等鸟类，都是筑水面巢的专家，雏鸟孵化后不久就能游泳或潜水。筑在浮水植物或挺水植物上的巢，主要由水生植物构成，仅仅是堆叠铺陈，大多薄而脆弱，没有一定的形状；有的巢具有浮性，可以随着潮水的涨落起伏。

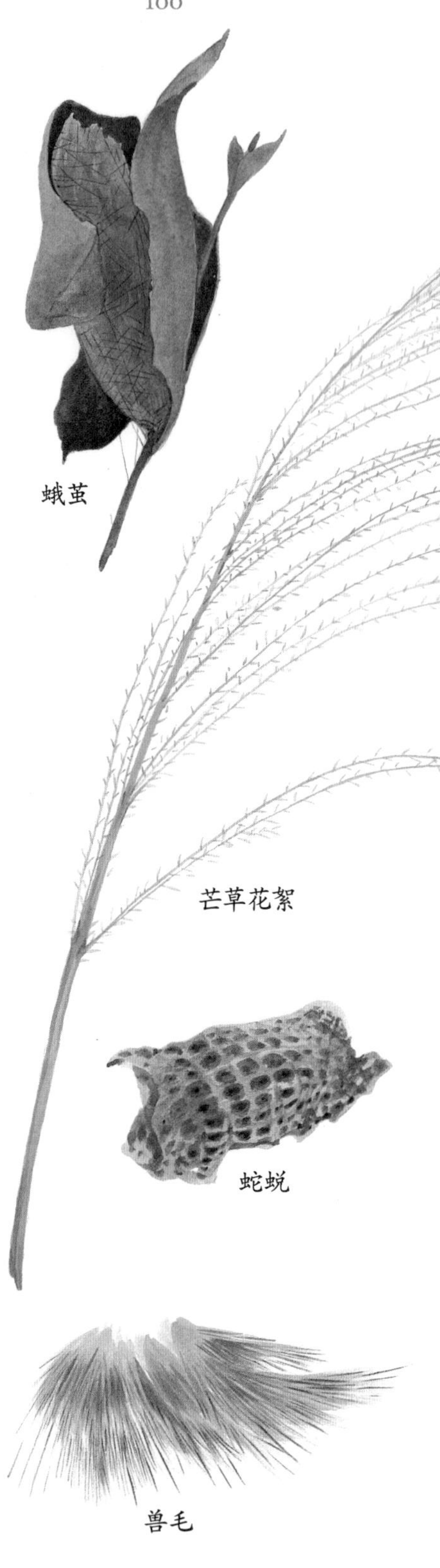

各种巢材

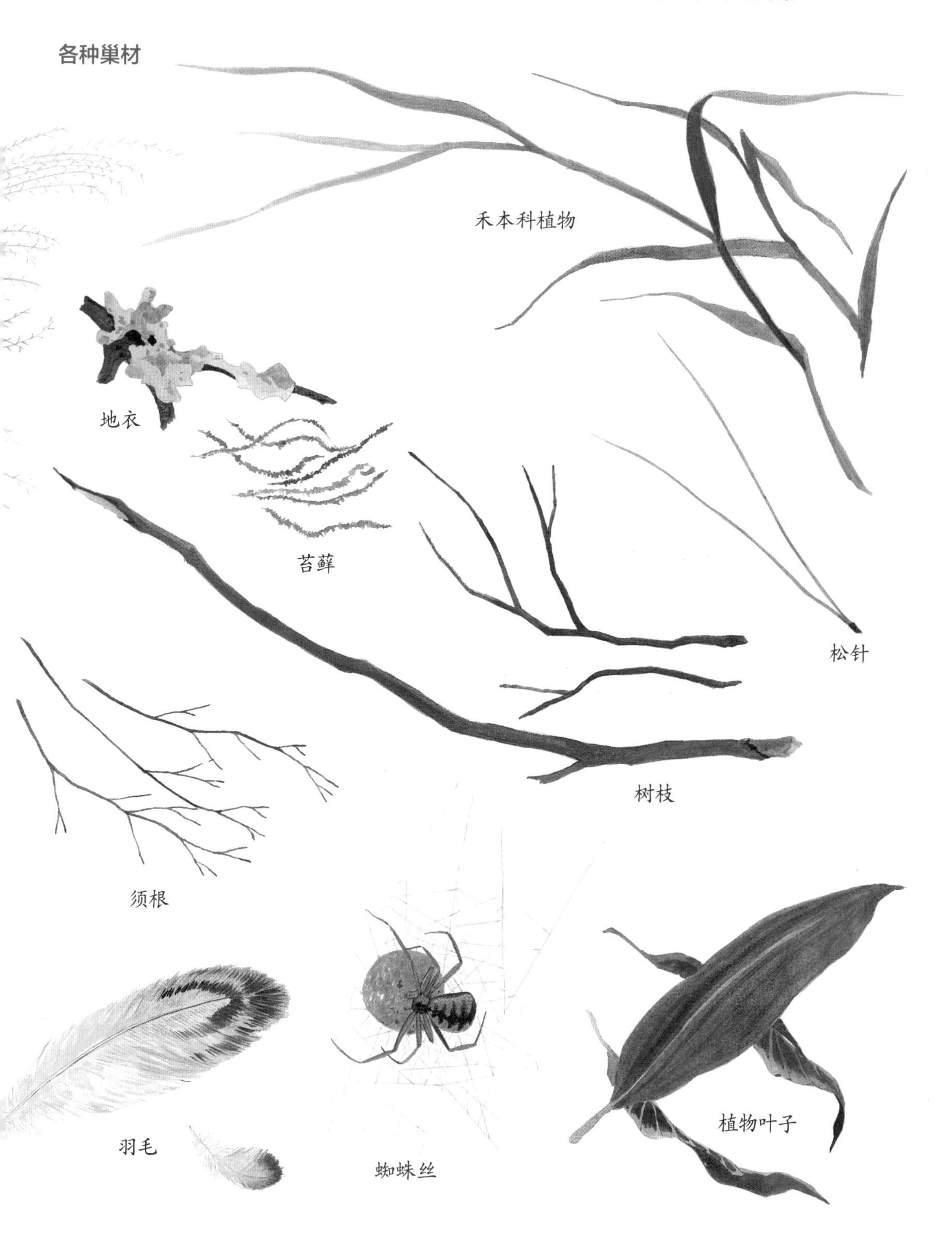
禾本科植物
地衣
苔藓
松针
树枝
须根
羽毛
蜘蛛丝
植物叶子

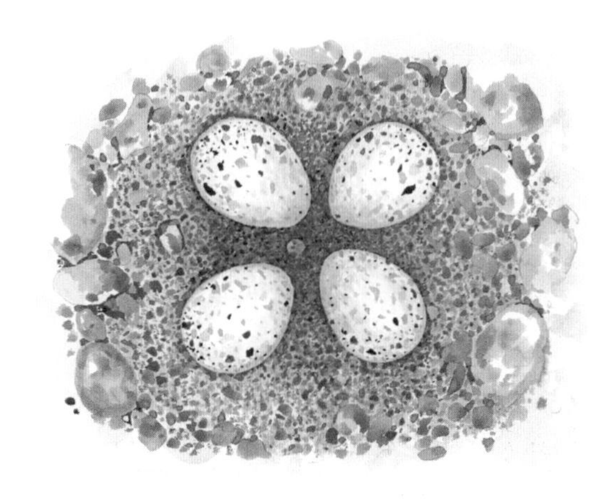

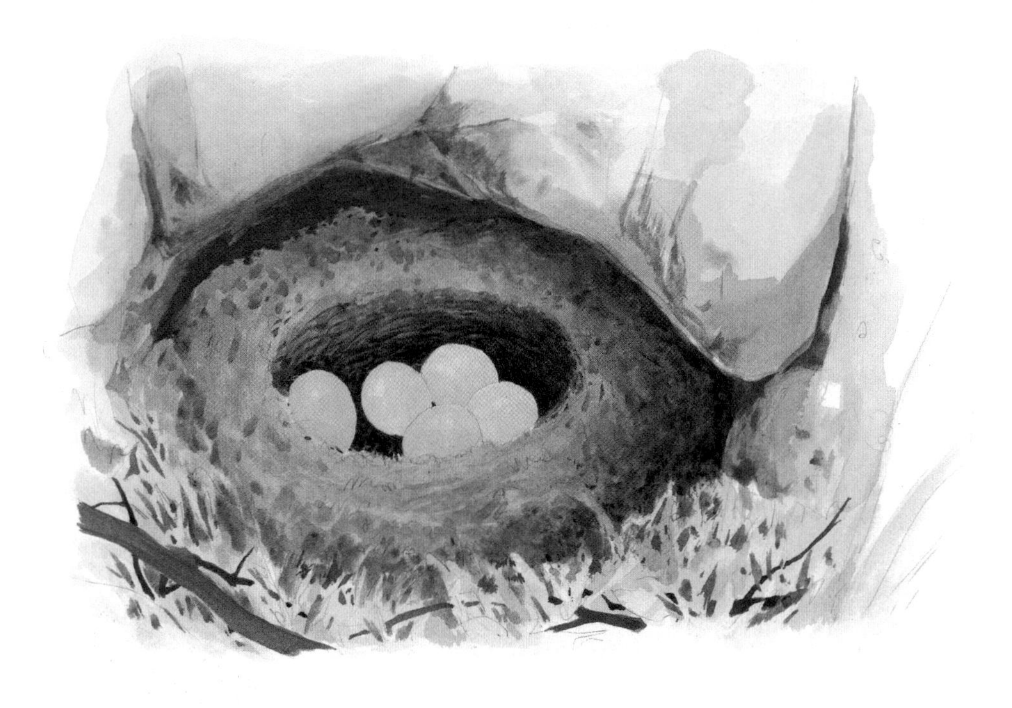

3.灌丛巢 筑在灌木、小树或是草丛上的巢，巢材以草茎叶、细根或禾本科植物的花序为主，形状多样，有杯形、碗形、圆形、袜形。巢离地的高度有1.6～1.8米。褐胁山鹪莺、小鸦鹃、棕颈钩嘴鹛、薮鸟、画眉等，都是喜欢在灌丛内筑巢的鸟类。

灌丛巢

水面巢

4.枝架巢 鹰、鹭、白头鹎、黄鹂、台湾蓝鹊、黑枕王鹟、领雀嘴鹎、大嘴乌鸦、褐头凤鹛等都筑枝架巢。筑在大树枝干或枝叶间，大型鸟类的巢材以树枝为主，小型鸟类则由小树枝、植物茎叶或根须筑成。巢形有杯形、圆形或是像鹰类所筑的平台形大巢。

5.悬吊巢 大树枝条间或末端垂吊下来的巢。巢材以植物茎叶为主，形状似葫芦、纺锤或长袜。由于在热带地区，巢被侵入的风险较大，一些热带鸟类如织布鸟、酋长鹂、阔嘴鸟和太阳鸟等，都会建筑这种悬吊巢。

6.树洞巢 筑在树木洞穴或树上蚁冢内的巢。雀形目鸟类中，只有少数几种属于洞巢鸟，譬如煤山雀、椋鸟、普通䴓等，它们会在洞穴内添加植物（如苔藓、松萝）、树皮、兽毛等巢材；

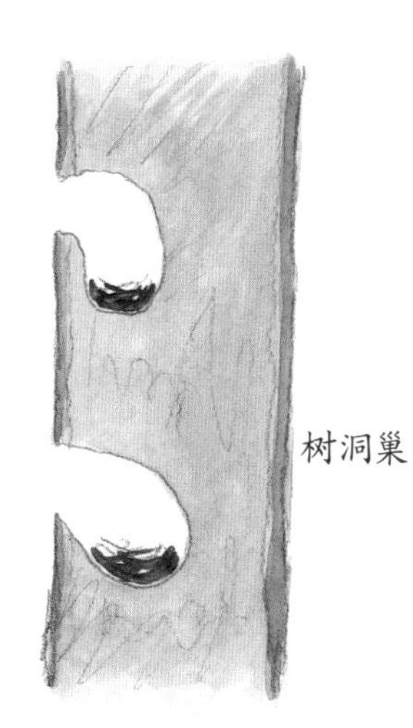

树洞巢

而非雀形目的洞巢鸟，例如啄木鸟、台湾拟啄木鸟、鹦鹉、猫头鹰、犀鸟、巨嘴鸟、鹊鸭、鸳鸯、佛法僧、笑翠鸟等，就很少在洞巢内添加巢材，顶多铺些木屑。

7.地洞巢 筑在地面下或地面蚁冢、土堤、兽穴、岩石洞穴内的巢。很多地洞巢由开口处进入一条地道，地道尽头才扩充为产室，产室里有时铺上羽毛、棉絮等柔软材料。蜂虎、普通翠鸟、穴小鸮、褐喉沙燕、翘鼻麻鸭、白额鹱、穴鹦哥等，都是筑

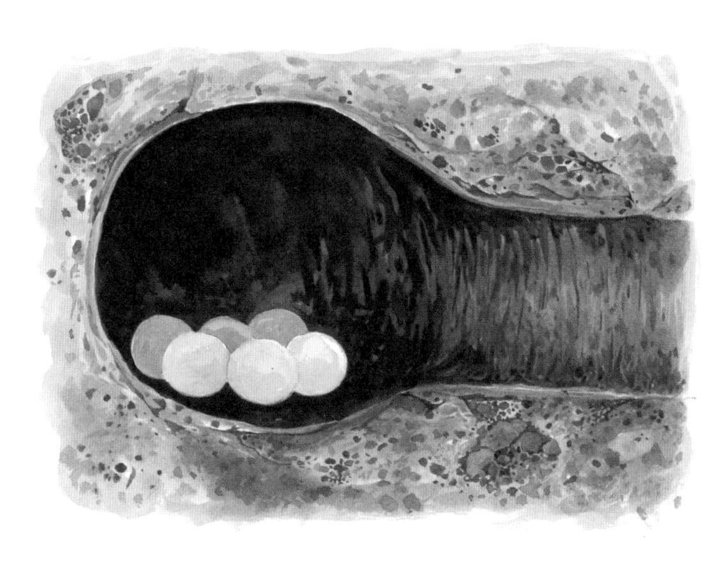

地洞巢

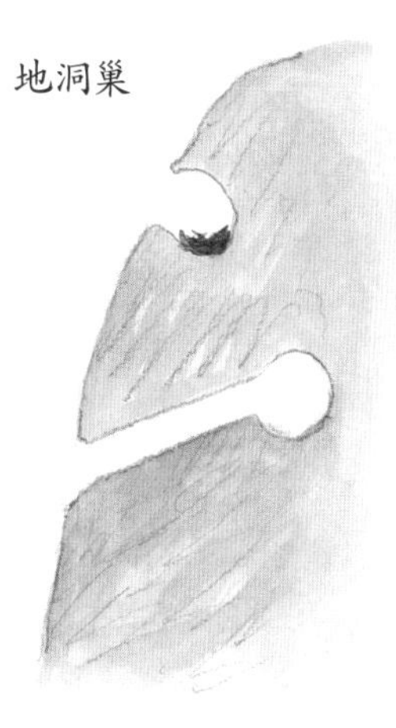

崖壁巢

地洞巢的鸟类。

8.崖壁巢 家燕、金腰燕、部分雨燕、游隼、兀鹫等会筑巢在岩石峭壁、缝隙、岩洞，或是将巢粘附在建筑物上。

9.奇怪巢 筑在奇怪的地方，或用奇怪的巢材筑巢。譬如有的鹪鹩可以在空的罐头或人类的衣服口袋内筑巢；纽约曾有一对冠蓝鸦，连续几年都在大楼的太平门上方筑巢；也曾有人在安全帽内发现鸟类筑巢。

鸟巢样式虽然繁多，但亲缘近的鸟种，巢往往大同小异。到了科与科之间，无论行为特征、栖息环境、习性、身体构造的差异都很明显，巢也容易显出各自的特色，譬如山雀科鸟类筑树洞巢，长尾山雀科则多半是在树冠层筑枝架巢。

不过，有些同种的鸟类也会选择在不同的地方筑巢，例如：在树洞筑巢的煤山雀，也会在崖壁间的细缝中做窝，也就是说，煤山雀的巢有树洞巢和崖壁巢两种；台湾紫啸鸫除了在溪涧石缝间筑地面巢，也常在桥墩之类的建筑物上筑崖壁巢；生活在金门岛的戴胜则会选择在树洞、地面岩缝、建筑物上筑树洞巢、地洞巢或崖壁巢。

如何测量鸟巢

我曾经在塔塔加遇到一位与家人来登山的小朋友，他还在念小学，好奇地打量我手中台湾林鸲的巢，问我："这个鸟巢是不是死了？它有多大呢？"就像每个人有身高、体重一样，鸟巢也有自己的尺寸大小。同一种鸟如果生活在不同地方，由于所选巢材内容、巢材的获取方式或生殖次数的差异，所筑的巢的大小有时也会有些差异。

对拾获的鸟巢，该如何记录其尺寸及形状呢？对于那位小朋友的问题，我曾仔细思考，鸟巢仿佛也是有生命的：从鸟儿开始筑巢到完成生殖过程，巢材由青绿转为褐黄，水分也逐渐流失，或许也住进来几种昆虫、寄生虫；幼鸟离巢后的一段时间，鸟巢仍是"活"的，只是逐渐衰败，风吹、雨淋、日晒，会加速鸟巢形体消散，使其再度回归大地。为了获得较完整的信息，测量鸟巢必须在它仍"活着"的时候进行，最好是幼鸟离巢后，鸟巢还保有完整外形的时刻。

鸟巢外形的测量包括两个主要部分：一是巢的直径，又分巢外径和巢内径；二是巢的高度，也包括巢内深度。由于鸟巢种类繁多，除了测量巢体本身外，和鸟巢有关的联系物也须一并测量，例如支撑物的粗细和数目、洞巢直径、地洞巢的地道长度等。

捡回来的鸟巢须以封口袋装好，如有昆虫或寄生虫掉落，可

以顺便搜集，因为寄生虫的多寡可用来推测鸟类的生殖状况。此外，巢外形、巢材及巢位，也须根据发现的情况详加记录。野外观察时，须尽量记录清楚鸟类如何筑巢：用喙还是脚搬运巢材，有什么特殊行为，衔回来的巢材花了多长时间安置完毕，等等，每一笔记录都会是宝贵的资料。

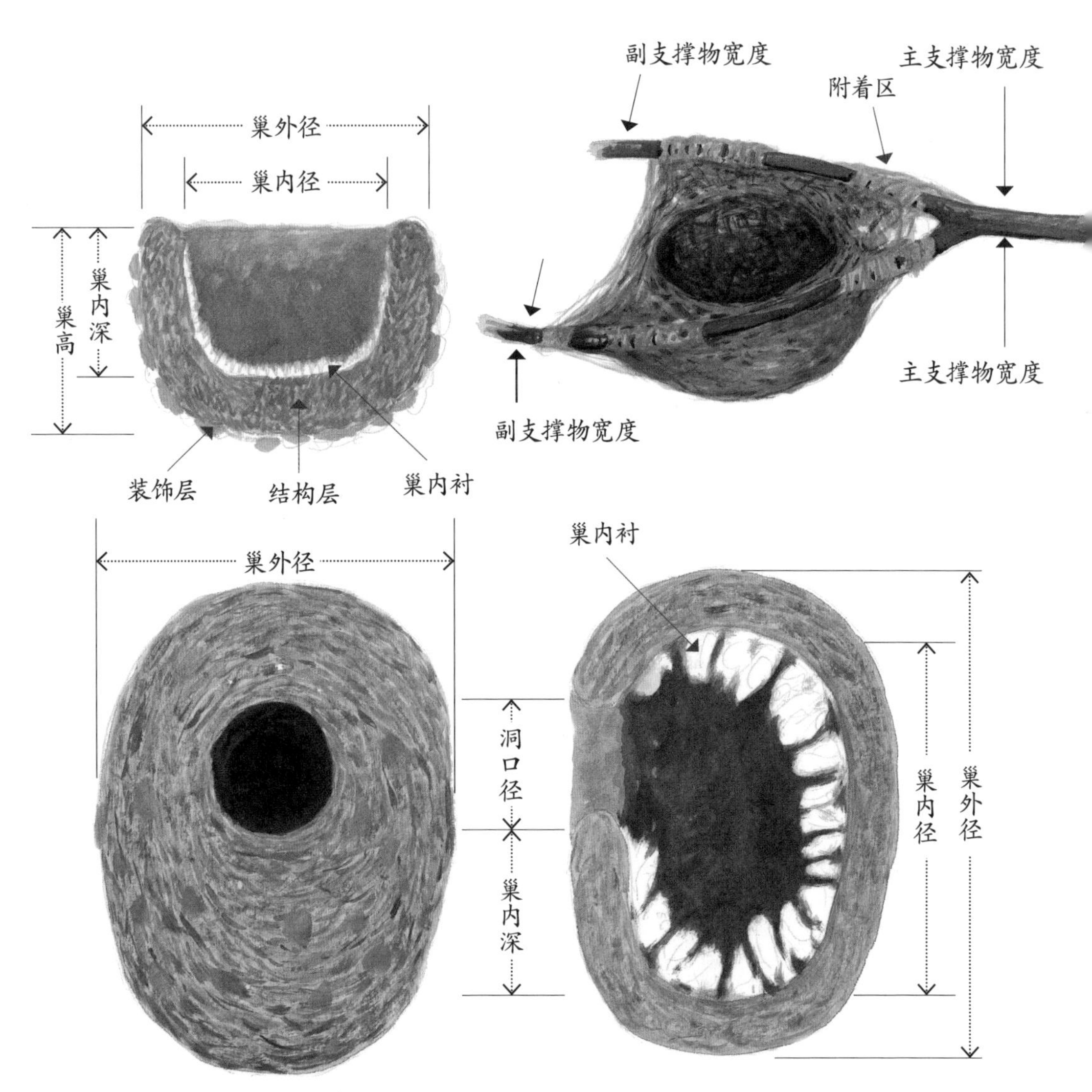

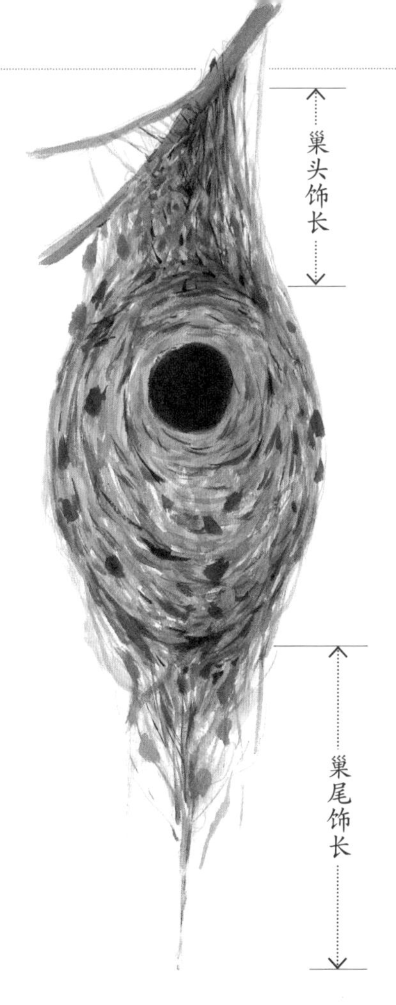

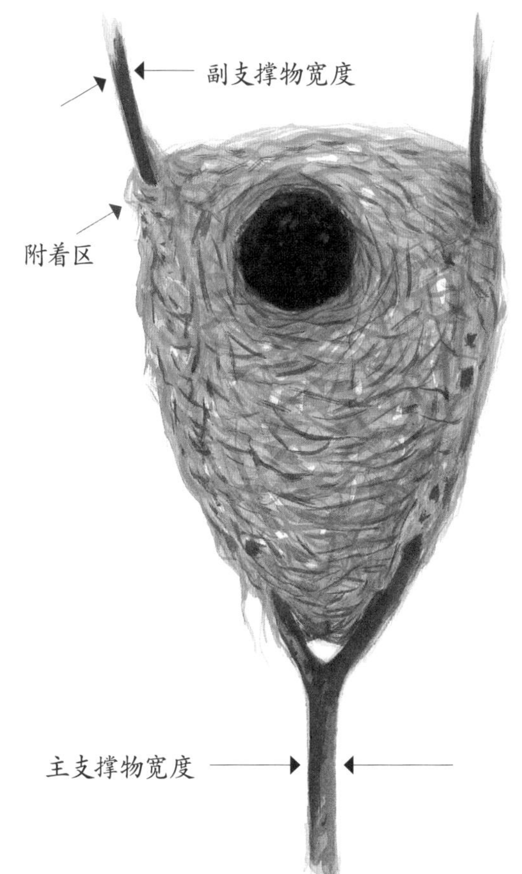

巢的结构

鸟巢的构成，可以分为装饰层、结构层、巢内衬三个层次，再加上黏附在其他物体上的附着区。除了结构层之外，其余的部分不一定都具备，要看是何种鸟的鸟巢，例如白头鹎的巢只有结构层，黑枕王鹟鸟巢则有装饰层及结构层，家燕巢则为结构层加巢内衬。

附着区：指鸟巢黏附在支撑物上面的地方。

装饰层：鸟巢外层以蜘蛛丝黏附地衣、蛾茧、叶子、松萝、树皮或蛇蜕，有掩饰的效果。

结构层：鸟巢的主体结构，也是构成鸟巢外观的主要巢材，例如树枝、叶、蔓茎、泥土等。

巢内衬：巢内添加的柔软巢材，例如羽毛、草茎叶、兽毛、花絮等。

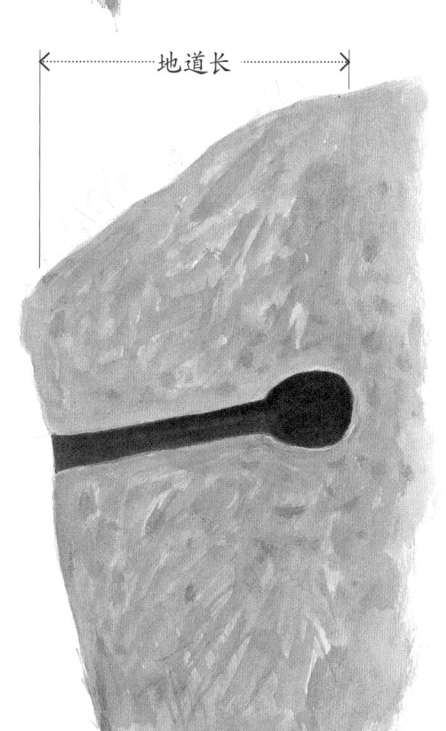

寻找鸟巢

鸟类多在春天求偶筑巢，其生殖期的长短，视鸟种、海拔、地理位置等因素而不同。在中国台湾地区，高海拔的鸟类在春寒料峭的2月便唱起情歌，低海拔的鸟类也许要晚1～2个月。通常，高海拔鸟类的生殖高峰集中于3～5月，低海拔鸟类则集中于4～6月，这短短的4个月，是观察鸟类筑巢生殖的好时机，也较容

这是我家附近的浅山草原地形，我常在这里寻找鸟巢。

易发现鸟类筑巢。

如果运气好，也足够耐心及细心，将有机会遇上鸟类生活中最感人的画面——筑巢。不过，该如何找到正在筑巢的鸟呢？循着以下建议，很容易就可以找到：

1.先做功课 阅读生物学相关书籍，研判哪些鸟种可能在附近筑巢生殖，了解它们的栖息环境特征，如有鸣声的资料，可反复聆听，熟悉声音有助于判断鸟种和它的行为状况。提高自己的

这是举尾蚁在台湾芙蓉上筑的蚁巢，远看像个泥巢，其实不然，蚁巢是由树枝纤维、碎叶、沙粒黏合而成的，将枝干整个包住，呈椭圆体。

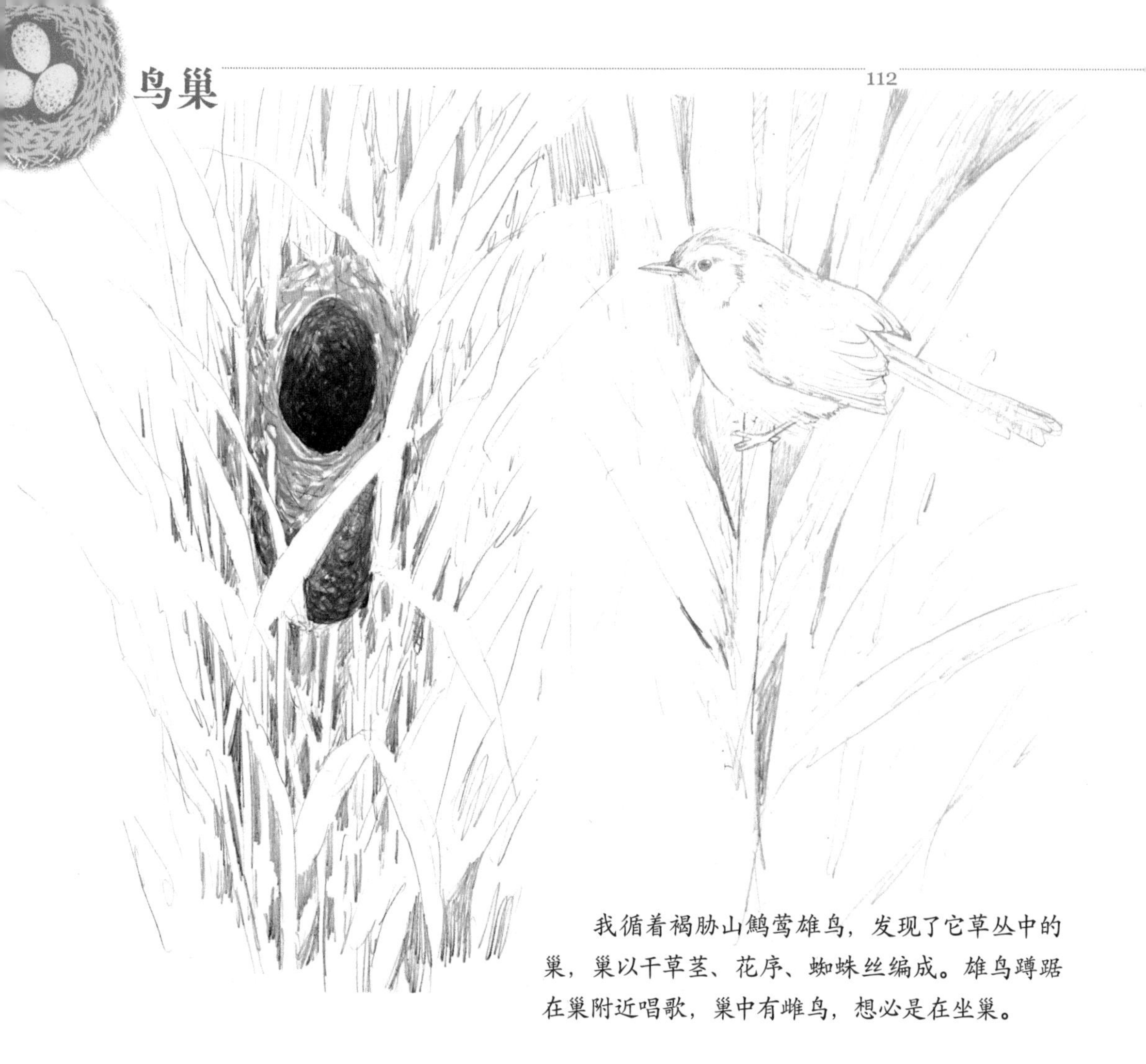

我循着褐胁山鹪莺雄鸟，发现了它草丛中的巢，巢以干草茎、花序、蜘蛛丝编成。雄鸟蹲踞在巢附近唱歌，巢中有雌鸟，想必是在坐巢。

视觉、听觉敏锐度，注意鸟儿是否咬着巢材或食物，循着它的行进方向，就有可能发现巢位所在。

2.注意雌鸟　虽然鸟巢不易被发现，但只要多注意观察雌鸟的行为就不难，譬如是否衔着巢材、是否在特定地点停留较久、是否发出警告声等。如果有上述发现，即使它飞走了，也无须急忙离开，可以慢慢后退几步，蹲下来再耐心等一会儿，如果巢位就在附近，雌鸟一定会回来。若雌鸟正在寻找巢位筑巢，也会在特定地点徘徊，那么两三天后可以再来此处寻找。

3. 注意雄鸟 通过观察雄鸟也有可能找到雌鸟及鸟巢，有的雄鸟领域性极强，生殖季节往往独霸一方，不容许其他雄鸟越雷池一步。发现敌人靠近巢位时，它会发出短暂、急切的警告声，然而，对于熟悉鸟鸣声的人来说，此举正泄露了它的巢位就在附近的秘密。

金头扇尾莺的声音非常容易辨认，尤其它在草丛中“唧、唧、唧”地边飞边叫的时候。我常幻想它们是一群蚱蜢，而不是鸟类。图中的红色虚线内可能是它的巢位所在，因为我见到它一直在此徘徊、鸣唱，并做出改变鸣唱声音的警告行为。

4.观察行为 虽然也有鸟类全天都在筑巢，但观察鸟类筑巢的最佳时间在早上6～10点之间，其间可能发现鸟类搬运巢材或筑巢等。如果发现鸟嘴巴咬着巢材，可先以肉眼观察（勿用望远镜，因为不好追踪）它的行进方向，如果是飞入灌丛、屋檐隙缝、树冠层等地方，就有可能追踪到巢位。

5.施工中，禁止进入 正在筑巢的鸟儿极其敏感，即使你自恃"隐身"功夫到家，只要惹了点风吹草动，就可能干扰到尚未生蛋的鸟儿，让它们弃巢另觅他方！因此，最好按捺住雀跃的心情，让自己像棵树般伫立在原地，保持安静非常重要。离开时，也要缓慢再缓慢，确保不被鸟儿发现；可以在巢位附近做个小标记，方便记住鸟巢的位置，以便下次观察。

6.已经完工的鸟巢 如果行经一处，突然窜出一只慌张的鸟，请先停止所有的动作，仅以眼睛和耳朵来观察。因为鸟巢就在附近，而且是个已完工的鸟巢，巢里面很可能已有小生命了！此时可退后约10米，蹲下来观察鸟儿窜出的地方，以待警报解除（鸟的警告声消失）。如果运气好一点，还可能观察到鸟妈妈叼着雏鸟的尿布包（粪囊）飞往他处丢弃的画面，如此就更能确定巢位所在了。

仙八色鸫育雏

图中这只仙八色鸫妈妈刚喂完宝宝吃东西，马上就得替它们清理尿布包（粪囊），将尿布包拿到远方丢弃。这种行为对于在地面筑巢生殖的鸟类来说非常重要，因为如果不做清理的话，气味便容易引来捕食者。

小心翼翼地
观察、记录

很少有人能够完整观察到鸟类筑巢、生蛋、孵蛋、育雏到离巢的整个历程，这实在不是一件简单的事，必须耗费心思、耐力与时间，有时还得忍受蚊蝇骚扰，且为了保持某个姿势而汗流浃背。不过，其中的乐趣也是无可比拟的。对一般人而言，在都市筑巢的家燕是观察鸟类筑巢生殖的最佳入门鸟种，你可以闲坐在门廊，观察整个筑巢、育雏过程，大方的燕子也不会视你为怪物。

多年来，春天总有一对紫啸鸫出现在我家附近，每每于破晓前，将闷了一整个冬天的歌喉以最尖锐的方式热情释放，于是我知道它们要恋爱了。

2006年，我想调查家附近有哪些鸟筑巢，这对紫啸鸫就在名单之中。我多次尝试追踪其中一只成鸟，但因它们的活动范围包含整个社区，还在建筑物间不停穿梭往返，追踪起来着实不易！不过，累积经验后，我也大致摸出了它们的活动路线，发现它们最终会绕回我家顶楼，遂改以守株待兔。终于，我在一个紧邻山壁的空屋空调窗上发现了一个紫啸鸫巢，当时正是它们最忙碌的育雏期间。

这对不怕人的紫啸鸫夫妇，以细碎的植物须根、小树枝做巢

台湾戴菊的筑巢过程

1 首先在针叶树枝干分岔处选好筑巢的位置，将搜集来的蜘蛛丝粘附在枝干两侧。

2 找来苔藓，以蜘蛛丝当作黏着剂。

3 继续增加苔藓，并找来其他的巢材，如植物碎屑、小树枝等，添加上去。

4 最后添入羽毛或兽毛等柔软的巢内衬，并以身体压实，完工！

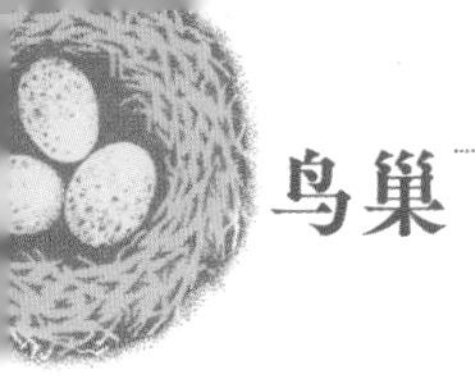

材，筑了一个浅浅的碗形巢。空屋窗台上长了野草，巢依偎着一丛禾本科植物，养育着两只小乌鸦般的宝宝。此巢形势险峻，我得屈膝倚着女儿墙，由上往下偷偷观察。紫啸鸫夫妇非常机灵，我刚开始观察，就被它们鸣声大噪地轰走了。几天之后，只见一只幼鸟离巢，跟在父母附近，我转回巢区查看，发现巢已凋零，可能被风雨破坏，也可能是遭受了流浪猫的袭击，随后几天观察，仍然不见另一幼鸟 。

观察时，有个最重要的观念，必须不时地提醒自己：宁愿放弃观察，也不要影响鸟类的生殖！然而，无论多么谨慎，在接近鸟巢时，都有可能干扰到鸟类。依我自己的经验，只要不被鸟类发现你的存在，鸟不被吓跑，就是最好的观察。以下几点建议，可以将干扰降至最低：

1.确定巢位 利用成鸟不在巢中或巢附近的时机观察，如果想看巢内动静，可以使用一端绑上小镜子的长杆稍稍拨开遮蔽物（树丛、树叶等），用镜子检视，勿将身体靠过去，以免破坏巢附近的植物结构或留下气味。此外，若是不确定鸟巢的位置，应避免乱找一通，惊吓了鸟类。

2.请勿打扰 若发现成鸟正在孵蛋或抱雏，千万不要靠近巢区，可以站在远处，以望远镜观察。如果附近有捕食者存在（如松鸦、大嘴乌鸦、野猫等），要避免站在同一地点太久，这些捕食者有可能因为你的观察行为而找到鸟巢；当有陌生人出现时，也该暂时放下望远镜，最好不要告诉陌生人你的发现，因为仍有

黑枕王鹟育雏

我家附近的浅山次生林中住着黑枕王鹟，发现它们时，雄鸟正在喂雏。它们的巢外层有白色的装饰物，应该是虫茧、蜘蛛丝及地衣；巢下端常处理成须状。整个巢粘在树杈中间，隐藏在林中，很难被发现。

人会捕捉、贩卖刚孵化的雏鸟。

3.远离猫狗 不要携带宠物去观察鸟巢，它们往往会破坏观察。

4.保持警觉 若巢位于高处或在树洞内，不易观察，可通过成鸟的行为来判断巢内情形：育雏阶段成鸟携带食物进巢的次数通常较多，有时还可听见雏鸟的索食声。切勿爬树观察，因为破坏性太大，也太危险。

5.安全时间 有研究显示，鸟巢被捕食者侵袭的时间大多发生在早上及傍晚。如果想观察正在坐巢的鸟类，尽量利用中午的时间，此时捕食者正在休息。

6.安全距离 亲鸟若在附近徘徊而不愿意回巢，可能是你距离鸟巢太近了，所有观察都该以不影响鸟类为原则，请悄悄退开。

看见一只吊挂在巢外的幼鸟，请勿自作聪明帮它回巢，也许它的父母正在诱它离巢，你的多此一举有可能引发意想不到的悲剧，我就造成过一次惨痛的惊吓事件。

我小时候，曾在灌丛中发现一只离巢的暗绿绣眼鸟幼鸟，看起来很无助，声声呼唤着爸妈。我四处搜寻，发现巢在灌丛上方，就决定送它回巢。费了一番周折后，抓住了这只小暗绿绣眼鸟，正将它放回巢内，没想到巢内还有两只幼鸟，它们吓得横冲直撞、四散纷飞，我也被吓到了，最后其中一只竟然冲入了旁边的水沟。面对如此剧变，我内疚到想哭。后来我知道，为了避免

灰树鹊巢

这是2006年我找到的唯一一个灰树鹊巢，令我兴奋不已。灰树鹊巢由细枝构成，筑在离地面很高的树枝干上，隐秘性很好。附近的灰树鹊常三五只与台湾蓝鹊混栖活动，但它们筑巢的地点似乎会错开，在灰树鹊巢附近并未见蓝鹊筑巢。

这类“救鸟不成反害鸟”之憾事发生，判断是否需要介入正在观察的事件，其实有个“自然因素”的标准可以参考。

2006年1月，生物学家荣·古德尔在美国缅因州一处临海地方发现一对白头海雕的巢，于是在巢附近架设了摄影机，并且上传到网站上供人观赏。4月，巢中第一只雏鸟孵化，随后几天第二、第三只雏鸟跟着与世人见面了，科学家和观众均为之振奋，因为白头海雕很少有一个巢出现3只雏鸟的记录。5月，雏鸟在亲鸟辛苦喂养之下迅速成长，在电视机或电脑前观赏的人们，无不殷切期盼雏鸟安然茁壮地成长，然后成功离巢。

然而，接下来摄影机却记录下一幕令人震惊的画面：老大咬死了老幺，并且和老二分食老幺的尸体！许多观众为此感到难过、沮丧，有人打电话质问研究人员为何不加以干涉，为何眼睁睁地看着它们自相残杀。研究人员无奈地表示，这种行为是在自然因素影响下发生的，他们不能干涉。

的确，动物世界的真相有时就是如此残酷，猛禽或鹭的兄弟相残、雄狮子的杀婴行为等，在人们看来固然血腥，但正如老子

小鸦鹃

一直到夏末，我都可以在家附近听见小鸦鹃的鸣唱。它们似乎热衷于二重唱，常常远方一只先唱，然后会有另一只附和，但就是找不到它们藏匿在草丛内的巢，只能看见它飞翔时闪耀的橙棕色羽毛，令人惊艳。

画眉与巢

画眉是草原上的花腔女高音，我在我家附近发现了它。要找到它的巢是很容易的，只要在它的领域耐心守候，一定会有所获。此巢位于森林与草原的边缘地带，隐藏在两棵树下的禾草丛中。巢由叶片构成。

《道德经》所言："天地不仁，以万物为刍狗。"此乃大自然运行之道理。白头海雕老幺的牺牲，让老大、老二可以吃更多的食物，长得更强壮，父母也不会太累；至于杀婴行为，更是普遍存在于动物世界，狮子、鼠类、海豚、白额鹱、白骨顶、蜜蜂等都曾有此记录，一般认为，杀婴是为了获得生殖控制权，也是一种优胜劣汰。大自然自有其合乎逻辑的选择，人为判断有时是片面的，造成的后果却难以想象。

恻隐之心，人皆有之。难道遇事都得冷眼旁观？倒也未必！遇上非自然因素的状况，还是可以出手相助的，譬如，超过2小时不见亲鸟前来喂食，或者确定亲鸟已经死亡，或者遇到刚学飞却因撞上玻璃或者遭受猫狗攻击而受伤的幼鸟，最好伸出援手，送至野生动物救助机构，由专业的救护人员处理。每当我知道又有一块绿地即将被开发，通常会将绿地上的树木、灌木搜寻一遍，若能够抢救一两个鸟巢，也是功德。

每年的3～6月时，鸟巢充满了生命信息，此时如果发现空鸟巢，切勿随意采集，那可能是一个刚刚建立起来的巢，即便是旧巢，也可能将被二次利用。总之，如果想摘取鸟巢，必须至少先观察两个星期，确定此巢已经被鸟放弃了，如果有耐心，最好等到生殖季节结束（9月之后），再去拥有它。

我在住宅走道边的花圃中发现一个白头鹎的巢，就结在橘子树上。通常它们晚上在草园区睡觉，白天往社区或其他地方觅食。一直都在原野过夜的白头鹎，到了生殖季节，也会有一两对在人家的花园中筑巢，大人会告诉小孩别去打搅它们，直到鸟去巢空之后，小孩才会将空巢取下来。

幼鸟头顶上软软的婴儿毛仍在时，它就已经可以跳跃和进行短距离飞翔，只需亲鸟再照顾几天，就能独立了。

幼鸟的虹膜是暗褐色的

成鸟虹膜是红色的

台湾紫啸鸫

我家所在公寓的五楼有紫啸鸫筑巢，我会悄悄在对面的另一栋大楼偷窥它的巢。亲鸟似乎很敏感，它不会直接飞进巢内，而是先站在女墙上发出尖叫声。紫啸鸫总是在清晨的黑暗中开始活动，有时会和另一伙夜猫子——黑卷尾相互唱和，也许它们正在分享夜的秘密呢！

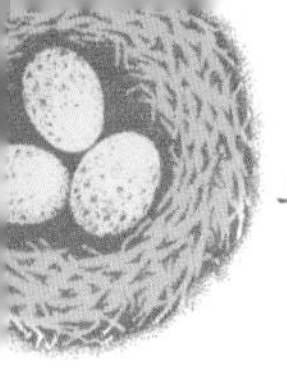

做一个鸟巢福尔摩斯

捡到了鸟巢，如何判断是哪一种鸟筑的呢？直接请教有经验的人，或者送去博物馆比对，皆为可行之道，前提是你必须说明在什么时间、地点、栖息地捡到的。你将发现鸟巢时的情形描述得越清楚，专家就越容易判断。但是，如能自己一步步推敲，最终获得正确解答，那将会更有意义。以下几个简单的推敲步骤，可以帮助判断鸟巢的种类。掌握几个大方向，也就八九不离十了。

1.巢位所在栖息地　森林（针叶林、阔叶林、针阔叶混合林）、农地（果园、菜园）、草原（稀树草原、牧草地、高山草原）、沼泽湿地、海岸峭壁、河岸林、溪流、都市等环境信息可以帮助判断栖息的鸟种。譬如，在牧场草原发现的鸟巢，就不大可能是森林鸟类所筑的；在溪流旁发现的鸟巢，便有可能是生活在水域环境的鸟类所筑的。

2.鸟巢尺寸　一般来说，小型鸟筑小型巢，大型鸟筑大型巢。从鸟巢的尺寸就可以剔除掉体形不合的鸟种，例如看到小巧的暗绿绣眼鸟巢，应该不至于猜想它是白头鹎筑的吧。

3.巢位及形状 可根据洞巢、灌丛巢、枝架巢等巢位信息，或杯形、圆形、盘巢等形态信息来判断。同一科的鸟种，筑的巢相似性颇大，例如王鹟科鸟类（寿带、黑枕王鹟）的巢属于小巧杯形的枝架巢，鸠鸽科鸟类（珠颈斑鸠、绿翅金鸠）多筑浅盘形的枝架巢。把握鸟巢的特征，即使不中，亦不远矣。

4.巢材组成 有些鸟类偏好特殊的巢材，譬如红头长尾山雀喜欢搜集羽毛为巢内衬，台湾林鸲和河乌喜欢以苔藓筑巢，黑枕王鹟偏好在巢外层以蜘蛛丝或蛾茧装饰，鸠鸽科以小树枝构成稀疏的巢，画眉的巢以多片叶子构成，等等。

5.附近已知的鸟类 由栖息地已知的鸟种来筛选，过滤出有可能筑此巢的鸟类。最后也许仍有一两种可能的选项同时干扰着你的判断，没关系，范围已经缩小了。有时候，空的鸟巢只要猜测出是什么科的鸟类所筑即可。

鸟巢的生命期非常短暂，尤其是许多小型雀鸟的巢，维持一个生殖季便告谢幕。生殖季节一过，如果发现了无主的空巢，可以在巢内及四周仔细搜寻脱落的羽毛，或许能找出线索，帮助你判断是什么鸟的巢；此外，猛禽巢内散落的羽毛或食茧也能让我们了解它们的食物有哪些。只要细心观察、推敲，仍可在已经失去生命的鸟巢中，看见许多关于鸟类的生命故事。

附录一

鸟巢是大自然的记事本

搜集鸟巢，同搜集大自然中美丽的石头、漂流木、落叶、果实一样，是纯粹的欣赏、喜好。与鸟巢的相遇，该是随缘，不必专门寻找，更不可大力搜刮。

在1870～1920年，北美洲曾经掀起一股鸟巢、鸟蛋搜集热潮，搜集者不只有科学家，还包括了众多的业余爱好者、小孩等。那时缺乏生态保护的观念，采集方式粗暴，为了一个鸟巢，甚至会砍下整棵树。

博物馆之间也竞相收藏稀有鸟巢或以鸟巢数量较劲，越多越好。隶属于哈佛大学的马萨诸塞州当代动物学博物馆内多数的鸟巢标本就是来自当时的收藏。不过，在1970年前，由于馆藏太丰，占去太多空间，却没人知道如何利用这些鸟巢，也不知如何管理，许多标本因为蒙尘、虫害、受潮、挤压而毁坏，博物馆因此丢弃了许多鸟巢标本。

后来，科学家通过比较不同时期的鸟蛋，揭示了DDT杀虫剂容易致使鸟蛋变薄的危害，从而在20世纪70年代促使美国等世界多国立法禁用DDT杀虫剂。这才重启了人们对鸟巢、鸟蛋标本的重视，新一波标本搜集热潮于是再次兴起，而此时的博物馆已知道该如何保存这些珍贵的标本了。

鸟巢、鸟蛋标本是重要的时代产物，它们保存了当代环境情况的信息，记录了自然环境最真实的面貌。科学家可以通过比较鸟巢标本中巢材的二氧化碳含量，来探究全球变暖的变迁史，也可比较不同时期的相同巢材，来检验出空气污染的情况。

全球变暖，这个人类共同面临的危机，也可由博物馆的标本收藏来提供证据。譬如，英美两国的鸟类学家通过标本的巢卡记录发现，过去二十几年间，在温带地区生殖的鸟类，生蛋的日期平均提早了9天，这是在全球变暖过程中，春天的平均温度较以往升高所致。

鸟类以鸟巢记录了它们适应环境的生活点滴，同时也记录了人类对环境的改变。鸟巢是大自然的记事本，阅读鸟巢，等于在阅读人类自己。

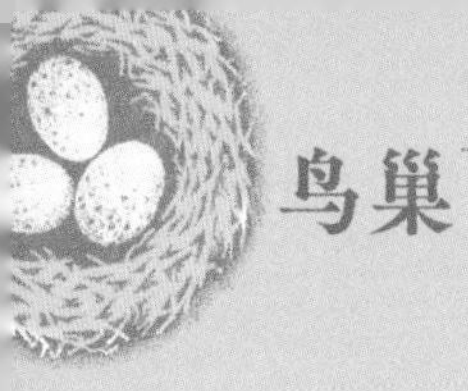

附录二

鸟巢观察记录表

鸟种：	年/月/日：
观察者： 海拔：	观察地点（最近的地标）：
巢位栖息地描述（可以圈示以下编号）： 1. 光秃地表 3. 水面上 5. 地面灌丛 7. 阔叶树枝干 9. 针叶树树干 11. 人工巢箱 13. 河岸地洞 15. 岩石缝 17. 蚁冢	 2地面低矮草丛中 4. 水面植物上或水面其他物体上（例如水车） 6. 岩壁灌丛 8. 阔叶树树洞 10. 针叶树树洞 12. 人为建物 14. 地面地洞 16. 崖壁 18. 其他（　　　　　）
栖息地优势植物（列1～2种）	
植物1：	
植物2：	

巢的描述 （巢材种类、距离地面或水面高度、尺寸大小、巢内情形——蛋数或雏鸟状况）:
巢的状况描述（是否空巢、是否已被破坏、是否采集，辅以简单的素描）:

图书在版编目(CIP)数据

鸟巢 / 蔡锦文著. -- 贵阳 : 贵州教育出版社,
2024.3

ISBN 978-7-5456-1627-9

Ⅰ. ①鸟… Ⅱ. ①蔡… Ⅲ. ①鸟类—普及读物 Ⅳ.
①Q959.7-49

中国国家版本馆CIP数据核字(2024)第002029号

《鸟巢:破解鸟类千奇百怪的建筑工法》
蔡锦文 著
中文简体字版 2024年由银杏树下(北京)图书有限责任公司出版发行

著作权合同登记号 图字:22-2023-072

NIAO CHAO
鸟巢

蔡锦文 著
张 率 审校

出 版 人	赵玲宇	选题策划	后浪出版公司
出版统筹	吴兴元	编辑统筹	郝明慧
责任编辑	阮 峻	特约编辑	张昊悦
装帧设计	墨白空间·黄怡祯		
出版发行	贵州出版集团 贵州教育出版社		
地 址	贵阳市观山湖区会展东路 SOHO 区 A 座		
印 刷	北京盛通印刷股份有限公司		
版 次	2024年3月第1版		
印 次	2024年3月第1次印刷		
开 本	720毫米×960毫米 1/16		
印 张	9.5		
字 数	100千字		
书 号	ISBN 978-7-5456-1627-9		
定 价	88.00元		